金线莲

Anoectochilus roxburghii

中国农业出版社
北　京

主　编：邵清松

副主编：郑　颖　吴　梅　陈相涛　陈剑虹　刘文元

编　委（按姓氏笔画排序）：

丁子涵　马巧群　王红珍　叶申怡　邢丙聪

吕爱敏　朱建军　任佳琦　刘　昆　刘文元

江雨萧　严霄芸　李　位　吴　梅　吴军霞

张爱莲　张望舒　陆晨飞　陈相涛　陈剑虹

邵清松　林　超　林敏水　周爱存　郑　颖

郑世诚　侯泓言　姜伟伟　徐应英　郭春凤

黄瑜秋　梁龙砚　善新民　赖德锋

金线莲为珍稀名贵中药材，来源于兰科（Orchidaceae）开唇兰属（*Anoectochilus*），享有"药王"的美称，具有可药、可食、可赏的特点。现代研究表明，其主要成分金线莲苷具有较好的保肝护肝作用，对酒精性肝损伤、胆汁淤积性肝损伤、放射性肝损伤、非酒精性脂肪性肝炎、自身免疫性肝炎、肝纤维化等均具有良好的辅助治疗作用。2023年7月，以金线莲苷为原料的一类新药获得国家药品监督管理局颁发的临床批件。金线莲在福建、浙江、广东、江西一带具有长期食用历史和传统食用习惯，福建省地方标准 DBS 35/006—2022《食品安全地方标准　金线莲》、云南省食品安全地方标准 DBS 53/038—2024《金线莲》已颁布实施，浙江、江西等省的金线莲食品安全地方标准也均已立项。此外，金线莲体型小巧，植株优美，叶片表面具有金红色绢丝光泽的美丽网脉，极具观赏价值，其花语代表着繁荣、富贵和成就。可药、可食、可赏的特点，为金线莲产业的高质量发展提供了重要机遇。

金线莲自然繁殖率低，对生态环境要求严格，适应性较差，加之人工过度采挖，使得野生资源锐减，《濒危野生动植物种国际贸易公约》将其列入附录Ⅱ的保护物种，《国家重点保护野生植物名录》（第二批）将其列为二级保护植物。随着金线莲在医药、保健、美容及饮用品等诸多领域的广泛应用，国内外市场对金线莲需求量不断上升，市场缺口逐年加大，因此金线莲产业规模不断扩大，成为我国发展较快的中药材之一。长期的无性繁殖及种源的自繁、自留引起种质退化、抗性降低，导致金线莲产量和品质下降，药材质量不稳定。因此，亟须开展金线莲优良品种选育工作，从而保证药材品质"稳定、可控"，保障中医临床用药"安全、有效"。本课题组从2008年开始开展金线莲产业现状调研、种质资源收集与评价、优良材料的筛选与种质创新、新品种选育、种苗工厂化繁育技术体系构建、规范化栽培技术以及精深加工产品研发等工作，形成了一系列原创性成果，并牵头于2020年和2023年在浙江金华和福建泉州举办了全国金线莲产业发展大会。为进一步推动金线莲产业的发展，在《珍稀名贵药材金线莲》的基础上特编著《金线莲》一书。

在金线莲研究与本书编著过程中，得到了国家自然科学基金委员会、国家林业和草原局、科学技术部以及浙江省科学技术厅、农业农村厅、林业局、经济和信息化厅、市场监督管理局等的支持，同时得到许多领导、专家和朋友的帮助，在此表示最诚挚的感谢。限于经验和能力，书中难免存在疏漏和不足之处，敬请广大读者提出批评和建议。

编　者
2024年5月

CONTENTS 目录

第一章 / 金线莲
产业现状与展望

第一节　金线莲简介

金线莲为珍稀名贵中药材，来源于兰科（Orchidaceae）开唇兰属（*Anoe-ctochilus*），享有"药王"的美称，具有可药、可食、可赏的特点。现代研究表明，其主要成分金线莲苷具有很好的保肝护肝作用，对酒精性肝损伤、胆汁淤积性肝损伤、放射性肝损伤、非酒精性脂肪性肝炎、自身免疫性肝炎、肝纤维化等均具有良好的辅助治疗作用。2023年7月，以金线莲苷为原料的一类新药获得国家药品监督管理局颁发的临床批件。金线莲自然繁殖率低，对生态环境要求严格，适应性较差，加之人工过度采挖，使得野生资源大幅锐减，《濒危野生动植物种国际贸易公约》将其列入附录Ⅱ的保护物种，《国家重点保护野生植物名录》（第二批）将其列为二级保护植物。随着金线莲在医药、保健、美容及饮用品等诸多领域的广泛应用，国内外市场对金线莲需求量不断上升，市场缺口逐年加大，因此金线莲产业规模不断扩大，成为我国发展较快的中药材之一。

一、生物学特性

金线莲为陆生兰科植物，株高8～18cm。根状茎匍匐，伸长，肉质，具节，节上生根。茎直立，肉质，圆柱形。叶片卵圆形或卵形，长1.3～3.5cm，宽0.8～3cm，上面暗紫色或黑紫色，具金红色带有绢丝光泽的美丽网脉，背面淡紫红色，先端近急尖或稍钝，基部近截形或圆形，骤狭成柄；叶柄长4～10mm，基部扩大成抱茎的鞘。总状花序具2～6朵花，长3～5cm；花序轴淡红色，其和花序梗均被柔毛，花序梗具2～3枚鞘苞片；花苞片淡红色，卵状披针形或披针形，长6～9mm，宽3～5mm，先端长渐尖，长约为子房长的2/3；子房长圆柱形，不扭转，被柔毛，连花梗长1～1.3cm；花白色或淡红色，不倒置（唇瓣位于上方）；萼片背面被柔毛，中萼片卵形，凹陷呈舟状，长约6mm，宽2.5～3mm，先端渐尖，与花瓣黏合呈兜状；侧萼片张开，偏斜的近长圆形或长圆状椭圆形，长7～8mm，宽2.5～3mm，先端稍尖；花瓣质地薄，近镰刀状，与中萼片等长；唇瓣长约12mm，呈Y形，基部具圆锥状距，前部扩大并2裂，其裂片近长圆形或近楔状长圆形，长约6mm，宽1.52mm，全缘，先端钝，其两侧各具6～8条长4～6mm的流苏状细裂条，距长5～6mm，上举指向唇瓣，末端2浅裂，内侧在靠近距口处具2枚肉质的胼胝体；蕊柱短，长约2.5mm，前面两侧各具1枚宽、片状的附属物；花药卵形，长4mm；蕊喙直立，叉状2裂；柱头2个，离生，位于蕊喙基部两侧（图1-1）。

图1-1　野生金线莲
a.植株　b.带花苞植株　c.开花植株

自然状态下，在福建和浙江，金线莲一般于2月下旬和3月初发芽，并于9～11月开花。花序基部的两朵花首先绽放，花朵从基部到顶部逐渐开放。在开花期间，萼片分裂和展开，露出花瓣，伸展到最终形态。金线莲花期受经度、纬度和海拔的影响较大。例如，在贵州（东经103°61′～109°58′、北纬24°63′～29°22′），它的花期为9月初至11月初，而在云南（东经97°52′～106°18′、北纬21°13′～29°25′），其花期为9～12月，在广西（东经104°48′～112°08′、北纬20°91′～26°39′）和广东（东经109°75′～117°33′、北纬20°20′～25°51′），金线莲花在10月初至12月初开放（图1-2）。

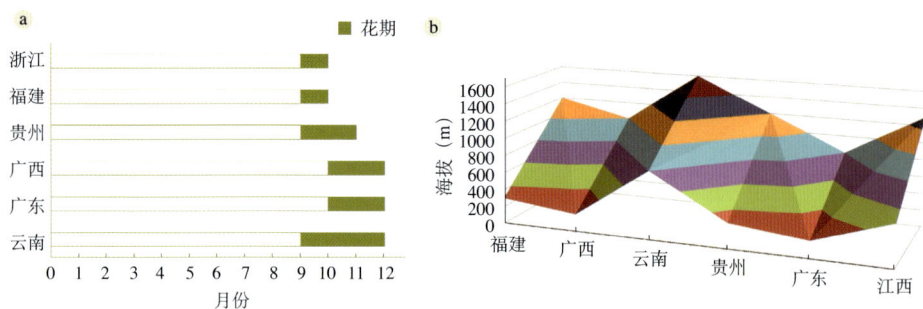

图1-2 产地及海拔对金线莲花期和分布的影响

a.花期 b.海拔分布

二、基原植物及主要栽培类型

金线莲分布于亚洲热带和亚热带地区，主要分布在中国、日本、印度、斯里兰卡、尼泊尔及东南亚各国。在我国主要分布于福建、浙江、江西、广东、云南、广西、台湾等省份，其中以福建、浙江、江西为主产地。金线莲不同基原植物野外生境相似，分布于常绿阔叶林的沟边、石壁及土质松散的潮湿地带。

金线莲主要基原植物为金线兰（*Anoectochilus roxburghii*），此外，台湾银线兰（*A. formosanus*）、恒春银线兰（*A. koshunensis*）、滇越金线兰（*A. chapaensis*）及浙江金线兰（*A. zhejiangensis*）也作为金线莲药材使用（表1-1）。金线兰和滇越金线兰叶片表面具金红色有绢丝光泽的网脉，金线兰叶片为卵圆形或卵形，背面淡紫红色，滇越金线兰叶片为偏斜的卵形，背面淡绿色，浙江金线兰叶片先端急尖，基部圆形，背面略带淡紫红色；滇越金线兰的花期早于金线兰。金线兰地理分布区域较广，而滇越金线兰主要分布于云南屏边地区。台湾银线兰和恒春银线兰叶片表面具白色的网脉，台湾银线兰花不甚张开，倒置（唇瓣位于下方），子房扭转，恒春银线兰花张开，不倒置（唇瓣位于上方），子房不扭转；恒春银线兰的花期早于台湾银线兰。台湾银线兰和恒春银线兰主要分布于台湾地区，近年来福建、浙江、江西等地开始引种。金线莲人工栽培的种源来自野生资源，品系混杂，产量与内在品质不稳定，严重影响着药材的质量。选育出产量高、质量稳定、适应性强的优良品种是发展金线莲产业的重要基础。

表 1-1 金线莲不同基原植物比较

基原植物	植物图片	叶 片	根状茎及茎	花	在我国的地理分布
金线兰 (A. roxburghii)		叶片表面暗紫色或黑紫色，具金红色带有绢丝光泽的网脉，背面淡紫红色，先端近急尖或稍钝，基部近截形或圆形，骤狭成柄，叶柄基部扩大成抱茎的鞘	根状茎匍匐，伸长，肉质，具节，节上生根，茎直立，肉质，圆柱形	花序轴淡红色，被柔毛；子房长圆柱形，不扭转；花色白或淡红，不倒置，花瓣质地薄，近镰刀状，花期(8~)9~11(~12)月	浙江、福建、江西、湖南、广东、海南、广西、四川、云南、西藏东南部(墨脱)
台湾银线兰 (A. formosanus)		叶片表面呈茸毛状，墨绿色，具白色的网脉，背面带红色，先端急尖，基部圆形，骤狭成柄，叶柄基部具鞘	根状茎匍匐，伸长；茎肉质，圆柱形	花序轴红褐色，被毛；子房圆柱形，扭转；花不甚张开，倒置；花瓣白色，斜歪的镰刀状，近先端骤狭呈尾状，花期10~11月	台湾，广布
恒春银线兰 (A. koshunensis)		叶片表面呈茸毛状，墨绿色，具白色的网脉，背面带红色，先端急尖，基部圆形，骤狭成柄，叶柄基部具鞘	根状茎匍匐，伸长；茎肉质，圆柱形	花序轴红褐色，被毛；子房圆柱形，不扭转；花张开，不倒置；花瓣白色，镰刀形，先端渐尖且向内弯，花期7~10月	台湾
滇越金线兰 (A. chapaensis)		叶片表面黑绿色，具金红色有绢丝光泽的网脉，背面淡绿色，先端急尖，基部钝，两侧不等宽，骤狭成柄，叶柄基部扩大成抱茎的鞘	根状茎伸长，匍匐，肉质，具节，节上生根，茎上升或直立，圆柱形	花序轴被短柔毛；花苞淡红色，先端渐尖；子房圆柱形，不扭转；花不倒置；花瓣镰刀状，花期7~8月	云南(屏边)
浙江金线兰 (A. zhejiangensis)		叶片稍肉质，具金红色带绢丝光泽的美丽网脉，背面略带淡紫红色，先端急尖，基部圆形，骤狭成柄，叶柄基部扩大成抱茎的鞘	根状茎匍匐，具节，节上生根，茎肉质，被柔毛	花序轴被柔毛；子房圆柱形，不扭转，淡红褐色，被白色柔毛；花不倒置；花瓣白色，花期7~9月	浙江

注：资料来源于《中国植物志》。

三、地理分布及群落特征

野生金线莲资源主要分布于我国东部和南部地区，包括福建、浙江、江西、台湾、广东、云南、广西及贵州等地。福建全省山区均有分布，包括漳州、三明、泉州、宁德、南平和龙岩等地，其中武夷山和戴云山自然保护区分布较广。浙江省主要分布于平阳、景宁、泰顺、庆元、文成、龙泉等地。江西省主要分布于萍乡宜春、九江、赣州等地。此外，广东肇庆、梅州、河源、韶关，广西防城、上思、龙州、武鸣、隆安、融水、桂平、蒙山，云南文山、临沧、保山、红河、普洱、西双版纳，以及贵州兴仁、望谟、荔波、雷山也有分布。金线莲垂直分布幅度较广，海拔200～1 600m均有分布，尤以海拔200～600m的中低丘陵区分布较多，主要长于沟边、石壁及土质松散的潮湿地带。

金线莲喜阴湿、凉爽、弱光或散射光的环境，常分布于亚热带常绿阔叶林、针阔混交林或竹林下的枯枝落叶层上或阴湿石头间的腐殖土上（表1-2）。常绿阔叶林，乔木层主要由壳斗科（Fagaceae）、樟科（Lauraceae）、山茶科（Theaceae）、木兰科（Magnoliaceae）、五味子科（Schisandraceae）、榆科（Ulmaceae）、杜英科（Elaeocarpaceae）、楝科（Meliaceae）、胡桃科（Juglandaceae）、漆树科（Anacardiaceae）等植物种类组成；灌木层由冬青科（Aquifoliaceae）、忍冬科（Caprifoliaceae）、杜鹃花科（Ericaceae）、山茶科、金缕梅科（Hamamelidaceae）、豆科（Leguminosae）、漆树科（Anacardiaceae）、大戟科（Euphorbiaceae）、桃金娘科（Myrtaceae）、野牡丹科（Melastomataceae）等植物种类组成。针阔混交林，乔木层主要由壳斗科、杉科（Taxodiaceae）、松科（Pinaceae）、柏科（Cupressaceae）等植物种类组成；灌木层由山茶科、冬青科、杜鹃花科等植物种类组成。竹木或其混交林，乔木层主要由壳斗科、杉科、禾本科（Gramineae）等植物种类组成；灌木层主要由禾本科、山茶科、野牡丹科等植物种类组成。林下草本多为耐阴植物，包括禾本科、菊科（Compositae）、百合科（Liliaceae）、荨麻科（Urticaceae）、水龙骨科（Polypodiaceae）、茜草科（Rubiaceae）、葫芦科（Cucurbitaceae）、兰科（Orchidaceae）等植物种类。

四、濒危原因分析

国内外一直将金线莲作为重点保护植物。其被列入《濒危野生动植物种国际贸易公约》保护物种名录，明确野生金线莲严格控制贸易，否则会灭绝。国际贸易需要通过出口许可证或再出口证书授权。2021年9月，国务院发布的

表 1-2 金线莲主要伴生植物

生境群落	木本植物		草本植物
	乔 木	灌 木	
常绿阔叶林	毛锥（Castanopsis fordii Hance） 罗浮锥（Castanopsis faberi Hance） 锥栗 [Castanea henryi (Skan) Rehd. et Wils.] 港柯 [Lithocarpus harlandii (Hance ex Walpers) Rehder] 多穗柯 [Lithocarpus polystachyus (DC.) Rehd.] 硬斗石栎 [Lithocarpus hancei (Benth.) Rehd.] 青冈 [Cyclobalanopsis glauca (Thunberg) Oersted] 大叶青冈 [Cyclobalanopsis jenseniana] 山胡椒 [Lindera glauca (Sieb. et Zucc.) Bl.] 黑壳楠（Lindera megaphylla Hemsl.） 红楠（Machilus thunbergii Sieb. et Zucc.） 黄樟 [Cinnamomum parthenoxylon (Jack) Meisner] 木荷（Schima superba Gardn. et Champ.） 短柱柃（Eurya brevistyla Kobuski） 含笑花 [Michelia figo (Lour.) Spreng.] 深山含笑（Michelia maudiae Dunn） 翼梗五味子（Schisandra henryi Clarke） 绿叶五味子（Schisandra arisanensis subsp. viridis） 杜英（Elaeocarpus decipiens Hemsl.） 朴树（Celtis sinensis Pers.） 榆树（Ulmus pumila L.） 苦楝（Melia azedarach L.） 化香树（Platycarya strobilacea Sieb. et Zucc.） 清香木（Pistacia weinmanniifolia J. Poisson ex Franchet）	大叶冬青（Ilex latifolia Thunb.） 三花冬青（Ilex triflora Bl.） 南烛（Vaccinium bracteatum Thunb.） 刺毛杜鹃（Rhododendron championiae Hooker） 糯米条（Abelia chinensis R. Br.） 大花忍冬 [Lonicera macrantha (D. Don) Spreng.] 山槐 [Albizia kalkora (Roxb.) Prain] 盐肤木（Rhus chinensis Mill.） 草鞋木 [Macaranga henryi (Pax et Hoffm.) Rehd.] 蒲桃 [Syzygium jambos (L.) Alston] 半枫荷（Semiliquidambar cathayensis Chang） 枫香树（Liquidambar formosana Hance） 尖子木 [Oxyspora paniculata (D. Don) DC.] 大花红淡比 [Cleyera japonica Thunb. var. wallichiana (DC.) Sealy]	淡竹叶（Lophatherum gracile Brongn.） 竹叶茅 [Microstegium nudum (Trin.) A. Camus] 马唐 [Digitaria sanguinalis (L.) Scop.] 台北艾纳香（Blumea formosana Kitam.） 一点红 [Emilia sonchifolia (L.) DC.] 北方还阳参 [Crepis crocea (Lam.) Babcock] 一年蓬 [Erigeron annuus (L.) Pers.] 水团花 [Adina pilulifera (Lam.) Franch. ex Drake] 臭鸡矢藤（Paederia foetida L.） 透茎冷水花 [Pilea pumila (L.) A. Gray] 毛花点草（Nanocnide lobata Wedd.） 北重楼（Paris verticillata M.-Bieb.） 折枝菝葜 [Smilax lanceifolia Roxb. var. elongata (Warb.) Wang et Tang] 阔叶山麦冬 [Liriope muscari (Decaisne) L. H. Bailey] 庐山石韦 [Pyrrosia sheareri (Baker) Ching] 瓦韦 [Lepisorus thunbergianus (Kaulf.) Ching.] 山莓（Rubus corchorifolius L. f.） 条穗薹草（Carex nemostachys Steud.） 褐果薹草（Carex brunnea Thunb.） 江南卷柏 [Selaginella moellendorffii Hieron.] 半夏 [Pinellia ternata (Thunb.) Breit.] 白英（Solanum lyratum Thunb.）

（续）

生境群落	木本植物		草本植物
	乔 木	灌 木	
针阔混交林	柳杉 [Cryptomeria japonica (L. f.) D. Don var. sinensis Miquel] 福建柏 [Fokienia hodginsii (Dunn) A. Henry et Thomas] 江南油杉 [Keteleeria fortunei (Murr.) Carr. var. cyclolepis (Flous) Silba] 栲 (Castanopsis fargesii Franch.) 闽粤青冈 (Cyclobalanopsis obovatifolia)	翅柃 (Eurya alata Kobuski) 细枝柃 (Eurya loquaiana Dunn) 尖连蕊茶 [Camellia cuspidata (Kochs) Wright ex Gard.] 大叶冬青 (Ilex latifolia Thunb.) 三花冬青 (Ilex triflora Bl.) 南烛 (Vaccinium bracteatum Thunb.) 刺毛杜鹃 (Rhododendron championiae Hooker)	红马蹄草 (Hydrocotyle nepalensis Hook.) 台湾赤瓟 (Thladiantha punctata Hayata) 铜锤玉带草 (Lobelia nummularia Lam.) 绞股蓝 [Gynostemma pentaphyllum (Thunb.) Makino] 观音草 [Peristrophe bivalvis (Linnaeus) Merrill] 羊耳蒜 (Liparis campylostalix H. G. Reichenbach) 地钱 (Marchantia polymorpha L.) 铁角蕨 (Asplenium trichomanes L. Sp.) 香鳞始蕨 [Osmolindsaea odorata (Roxburgh) Lehtonen & Christenhusz] 阴地蕨 [Botrychium ternatum (Thunb.) Sw.] 密苞山姜 (Alpinia stachyodes Hance) 箭香草 [Phyllagathis cavaleriei (Lévl. et Van.) Guillaum.]
竹木或其混交林	毛竹 [Phyllostachys edulis (Carriere) J. Houzeau] 吊皮锥 (Castanopsis kawakamii Hayata) 甜槠 [Castanopsis eyrei (Champ. ex Benth.) Tutch.] 大叶锥 (Castanopsis megaphylla Hu) 杉木 [Cunninghamia lanceolata (Lamb.) Hook.]	柏拉木 (Blastus cochinchinensis Lour.) 红皮糙果茶 (Camellia crapnelliana Tutch) 水竹 (Phyllostachys heteroclada Oliver) 红后竹 (Phyllostachys rubicunda Wen) 河竹 (Phyllostachys rivalis H. R. Zhao et A. T. Liu) 苦竹 [Pleioblastus amarus (Keng) Keng f.]	

《国家重点保护野生植物名录》中明确金线莲以及开唇兰属的其他所有种均属于国家二级保护植物。2023年5月生态环境部发布的《中国生物多样性红色名录·高等植物卷（2020）》中，峨眉金线兰、屏边金线兰被列为极危；金线兰、浙江金线兰、保亭金线兰、滇南开唇兰、滇越金线兰、丽蕾金线兰和麻栗坡金线兰被列为濒危；长裂片金线兰被列为易危；兴仁金线兰被列为近危；台湾银线兰、恒春银线兰、海南开唇兰被列为无危。

金线莲具有无性繁殖和有性繁殖两种繁殖方式，但其各繁殖阶段的特性限制了其种群的自然更新（表1-3）。自然条件下，金线莲生长缓慢，幼苗存活率低，加之人为无节制地采挖及对生境的过度破坏，致使金线莲种群规模急剧收缩，濒临灭绝。

表1-3　金线莲种群自然更新限制因素及其可能机制

繁殖阶段	限制因素	可能机制
结实	结实率低	花粉活力期短，柱头活力期短，需要借助风、昆虫、人工进行异花授粉
种子	败育现象严重	种胚形态结构不健全，无胚乳，存在严重的生殖障碍
幼苗	死亡率高	种间竞争激烈，生境要求高

（一）结实率低

金线莲自然结实率极低，需要借助风、昆虫、人工等外力才能进行异花授粉，而气候条件、自然灾害等不可抗力因素，都会影响传粉活动，从而直接或者间接地影响金线莲繁殖效率。因此金线莲自然授粉结实率低于人工自花授粉，更远远低于人工同株异花授粉和人工异株异花授粉。人工异花授粉（图1-3）可在一定程度上提高金线莲的结实率，但总体上仍处于一个较低的水平，究其原因，主要是金线莲花粉和柱头的活力期均较短。相关研究发现，金线莲花粉在散粉当天就具有活力，并随雄蕊的发育不断上升，花后第3天活力最强，随后迅速大幅度下降。金线莲柱头开花当天就具有可授性，第4天最强，随后逐渐降低。故采集花后第3天的花粉对花后第4天的柱头进行人工异株异花授粉可视为理想的授粉方式，可以提高结实率。

（二）种子败育现象严重

在野生状态下，金线莲种子自然繁殖率低。金线莲开花授粉后2～3个月

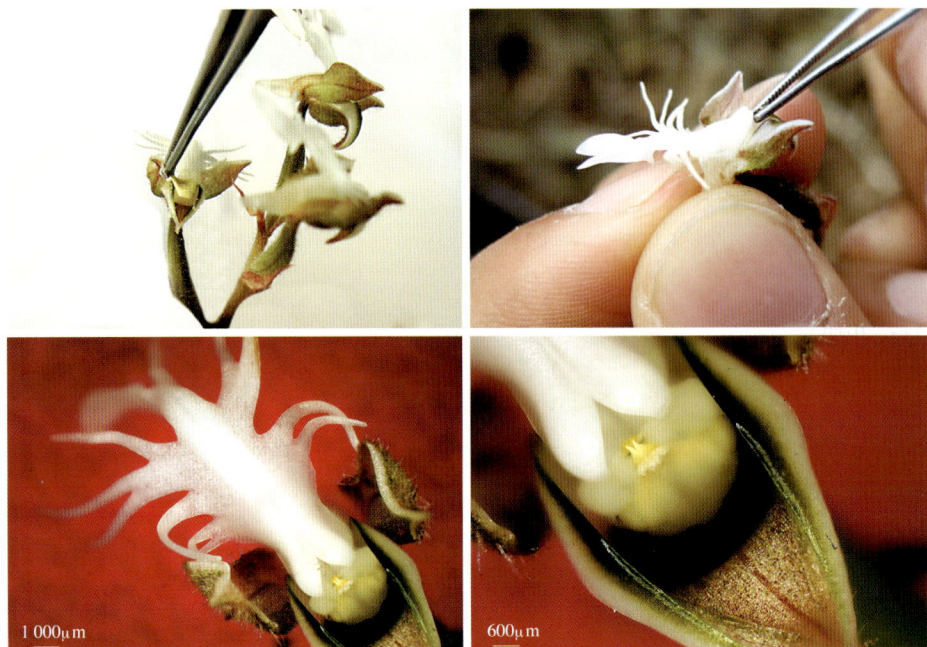

图 1-3　金线莲人工授粉

种子形态发育才基本成熟，并且种子细小，种胚形态结构不健全，必须与菌根真菌共生，将种子胚细胞中的淀粉转化为糖，才能萌芽生长。观察发现，金线莲共生苗底部茎端细胞中菌丝周围存在较多被分解的淀粉粒及溶解酶，这一现象说明共生菌株初期利用了植株的碳源物质，但最终被溶解酶消解并被释放到细胞内，为植株提供营养。金线莲授粉后 55d 种子达到生理成熟状态，此时种子的萌发率最高；授粉后 75d 种子趋于形态成熟，种子的萌发率次之；授粉后 115d 的种子过度成熟，萌发率降低。这一现象产生的原因可能是金线莲种子在形态成熟后，其种皮细胞会随时间的增加而增厚，并积累萌发抑制物质，导致种子启动萌发时间推迟，同时，致使其球形胚吸水膨大的张力降低，阻碍根状突起物刺破种皮，所以种子萌发率逐渐下降。另外，笔者课题组研究发现，金线莲种子在受精后的球形胚时期，存在胚败育现象，导致金线莲存在严重的生殖障碍。这一现象的产生可能与其自身基因条件、激素含量异常及环境胁迫等因素有关，但具体的胚败育机制尚不明确，有待进一步研究。

（三）幼苗死亡率高

金线莲种胚形态结构的不健全性、种子较强的休眠性，以及种子腐烂、动物取食等极大地降低了金线莲种子的成苗率。而在随后的生长过程中，种子又将经历层层的环境筛，最终只有极少数能够长成繁殖个体。金线莲在进化上处于较原始的地位，种群处于群落的最底层。而且，由于植株矮小、根系不发达、根状茎脆弱、叶面积小、光合强度低、生长缓慢等自身生物学特性，金线莲种群对群落生态资源的利用率很低，在激烈的种间竞争中，金线莲处于被支配地位。另外，金线莲对生长环境要求极高，适合生存于水湿条件优越且植被覆盖良好的生态环境，其正常生长发育所需光照度只有正常日光量的1/3左右，光照过强或过弱、温度过高或过低均会严重影响其生长。金线莲种群地理分布区域狭窄，呈现狭域分布或岛状分布。近年来，其分布区均出现了明显的大幅度收缩。

（四）人为因素

随着人类活动加强，如森林过度砍伐、过度开荒等植被破坏行为，金线莲生境破碎化愈演愈烈，生物多样性丧失不断加剧，栖息地的片段化使种群随之被分割，种群生存力降低，最终导致种群规模收缩。近年来，金线莲所处生境的承载能力不断下降，环境配置由原生生境向次生生境、脆弱生境、严酷生境方向发展。另外，人类滥采滥挖也是导致金线莲野生资源濒危的重要原因。随着金线莲在医药、保健、美容及饮用品等诸多领域的广泛应用，国内外市场对金线莲需求量不断上升，金线莲市场缺口逐年加大，在利益的驱使之下，人类无节制、掠夺性地采挖，致使金线莲野生资源急剧减少，对金线莲种群的自然更新和遗传多样性的维持已造成严重影响。

第二节　主要本草典籍记载

《福建野生药用植物》（1960版）记载：金线兰是民间贵重的药草。它是小儿良药，对退热消炎有特殊功效；又可治膀胱炎、遗精等症，也可制蛇药。

《中国经济植物志》（1961版）记载：金线莲全草入药，有退热消炎的作用，疗效显著。可治膀胱炎、遗精等症；又可治毒蛇（竹叶青）的咬伤。

《闽东本草》（1962版）记载：金线莲祛风气，舒筋，养血。治风气作痛，腰膝痹痛，小儿抽风。

《浙南本草新编》（1975版）记载：金线莲全草入药。夏秋采集，鲜用或晒干、贮藏备用。味淡，性微温。祛风湿，舒筋络。临床应用于风湿性及类风湿性关节炎。

《全国中草药汇编》（1978版）记载：金线莲秋季采收，洗净，鲜用或晒干备用。性味甘、平，清热凉血，除湿解毒。主治肺结核咯血、糖尿病、肾炎、膀胱炎、重症肌无力、风湿性及类风湿性关节炎、毒蛇咬伤。用量 3～9g，外用适量，鲜品捣烂敷患处（图1-4）。

图1-4　《全国中草药汇编》（1978版）对金线莲的记载

《中国本草原色图谱》（1984版）记载：金线莲性平，味甘，无毒。具解热、清火及降血压功能。主治肝脾病、肺痨病、遗精、遗漏诸病，兼治胸痛、胰痛、咳嗽、血虚、血热吐血、小儿发育不良，还治毒蛇咬伤等。

《新华本草纲要》（1990版）记载：金线莲全草，味甘、性平，有凉血平肝、清热解毒的功能。用于肺痨咳血、糖尿病、肾炎、膀胱炎、小儿惊风、毒蛇咬伤。

《福建药物志》（1994版）记载：金线莲性味甘、平。清热凉血，祛风利湿。主治咯血、支气管炎、结核性脑膜炎、肾炎、膀胱炎、糖尿病、乳糜尿、血尿、泌尿道结石、风湿性关节炎、小儿急惊风、小儿破伤风。

《中药辞海》（1996版）记载：金线莲性味甘、平。清热凉血，除湿解毒。主治肺结核咯血、糖尿病、肾炎、膀胱炎、重症肌无力、风湿性及类风湿性关节炎、毒蛇咬伤（图1-5）。

《中华本草》（1999版）记载：金线莲性味甘、凉。入肺、肝、肾、膀胱

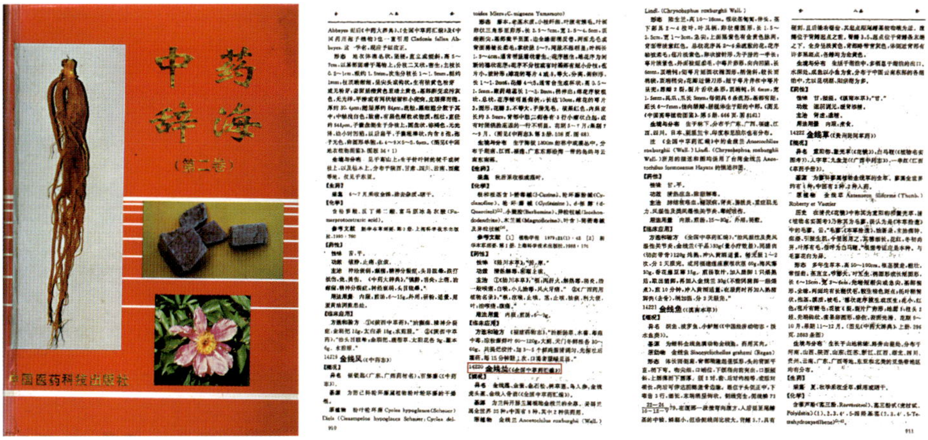

图1-5　《中药辞海》（1996版）对金线莲的记载

经。清热凉血、除湿解毒。主治肺热咳血、肺结核咯血、尿血、小儿惊风、破伤风、肾炎水肿、风湿痹痛、跌打损伤（图1-6）。

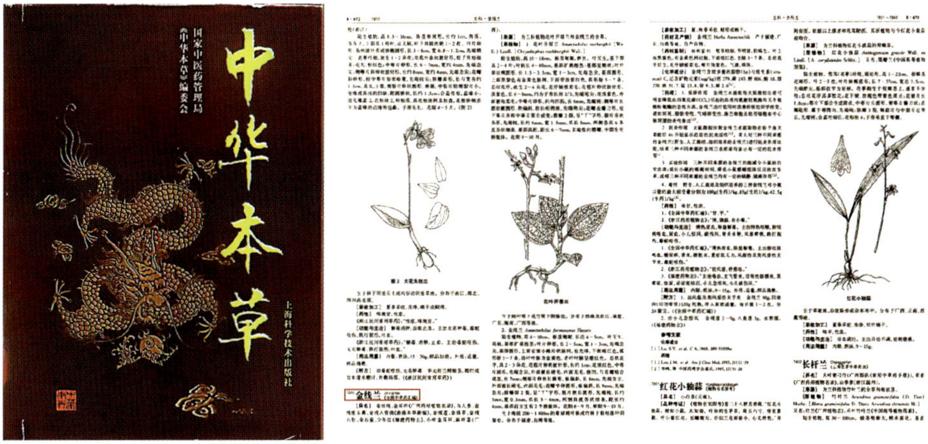

图1-6　《中华本草》（1999版）对金线莲的记载

《中药大辞典》（2006版）记载：金线莲性味甘、平；归肝、脾、肾经；治腰膝痹痛、吐血、血淋、遗精、肾炎、小儿惊风、妇女白带等。

《福建省中药材标准》（2006版）记载：金线莲系福建和台湾等省的民间珍稀草药，性平、味甘；清热凉血、祛风利湿；用于肾炎、支气管炎、膀胱炎、糖尿病、风湿性关节炎、小儿急惊风、毒蛇咬伤等症。

《福建省中药饮片炮制规范》（2012版）记载：金线莲性味甘平；清热凉血，祛风利湿。主治咯血、支气管炎、结核性脑膜炎、肾炎、膀胱炎、糖尿病、乳糜尿、血尿、泌尿道结石、风湿性关节炎、小儿急惊风、小儿破伤风。

第三节　金线莲产业发展与现状

　　近年来，随着组织培养和设施栽培等关键技术突破性的进展，金线莲种植规模迅速扩大，初步形成了集科研、种植、加工、销售为一体的产业链。然而，金线莲产业的快速发展也带来了种质资源及生态环境破坏、品种与质量标准体系研究滞后、产品创新能力不强等制约产业可持续发展的问题。因此，通过加强种质资源保护，构建动态监测体系；加强优良品种选育，建立健全良种繁育制度；加强质量标准体系研究，切实提高药材品质；加快产品结构调整，推动产业技术升级；提升品牌竞争力，拓展销售市场等方法，促使金线莲产业健康、可持续发展。

一、产业规模

　　近年来随着金线莲在医药、保健、美容及饮用品等诸多领域的广泛应用，国内外市场对金线莲需求量不断上升，金线莲市场缺口逐年加大，仅韩国、日本对金线莲的年均需求量就在1 000t以上，且70%依赖进口，因此金线莲产业规模不断扩大，成为我国发展较快的中药材之一。据初步统计，全国（中国大陆，不包括香港、澳门、台湾，下同）金线莲年产值达60亿元。在产业规模不断扩大的同时，产业组织结构也处于不断优化的状态。台湾的金线莲产业起步较早，集中于台中、南投等地，主要生产单位包括企业、合作社和农场，目前市场上主要品牌包括Nice Green、Innorchid、介赞、世华、康是宝、大雪山等。中国大陆金线莲的人工栽培已从福建扩展到浙江、广东、云南、广西、江西、贵州、江苏、湖北、安徽等10余个省份（表1-4），涌现出泉州市金草生物技术有限公司、福建省麟阳农业科技有限公司、丽水剑兰生物科技有限公司、浙江匠康农业科技有限公司、温州金溪谷农业开发有限公司、浙江方宜生物科技有限公司、三易易科技（浙江）有限公司、福建御善源生物有限公司、江西林耀生态农业发展有限公司、云南善源生物科技发展有限公司等一批产业龙头企业，以及鸟仙草、麟阳、匠康源、寻药佬、闽湘龙凤呈祥、畲景堂、磐山源等一批品牌。

表1-4　金线莲主要生产单位及品牌

省份	地市、县（地区）	骨干企业、合作社、农场	主要品牌
福建	南靖、永安、云霄、明溪、清流、武平、漳平、福安、厦门、泉州、福州	福建省麟阳农业科技有限公司、泉州市金草生物技术有限公司、福建御善源生物科技有限公司、福建虎伯寮生物集团有限公司、福建葛园生物科技有限公司、永安市黄泥家有限责任公司、儒兰（福建）生物科技有限公司、福建大地金华生物科技有限公司、漳州市溢绿农业开发有限公司、龙岩市大地生物科技研发有限公司、厦门加晟生物科技有限公司	麟阳、鸟仙草、闽湘龙凤呈祥、儒兰、移山莲、虎伯寮、黄泥家、古月元、珍熙、晟草堂
浙江	金华、温州、丽水	金华市荆龙生物科技有限公司、浙江匠康农业科技有限公司、温州金溪谷农业开发有限公司、丽水剑兰生物科技有限公司、浙江方宜生物科技有限公司、衢州市三易易生态农业科技有限公司、杭州丽农农业科技开发有限公司、三易易科技（浙江）有限公司、衢州中恒农业科技有限公司	磐山源、匠康源、畬景堂、丽农科技、三易易、寻药佬、浙中恒
广东	肇庆、梅州、河源、茂名、惠州、韶关	广东福盈农业科技发展有限公司、广东虎形山生物科技有限公司、高州市石生源生物科技发展有限公司、广东广生科技有限公司、惠州市兆丰农业科技有限公司、翁源县天下泽雨农业科技有限公司	虎形山、石生源、泽雨农科、帝一品
云南	西双版纳、普洱、红河、文山、玉溪	云南善源生物科技发展有限公司、云南文庆农业发展有限公司、西双版纳木苑林业科技研发有限公司、普洱阜瑞祥农林生物科技有限公司、红河滇宏生物科技有限责任公司	阜瑞祥、古林箐
广西	玉林、南宁、北海、桂林	广西田野生态旅游养生园管理有限公司、桂林保林生物技术有限公司	野尔野
江西	上饶、赣州、九江	江西林耀生态农业发展有限公司、九江大江懋农业科技实业有限公司、上饶市广信区云田农业有限公司	芦溪金线莲、大江懋
江苏	苏州、无锡	太仓双凤镇新卫金线莲种植场、无锡安镇金线莲种植场	
湖北	十堰	湖北妙莲天香生物科技有限公司	神农妙莲
安徽	六安	安徽同济生生物科技有限公司	同济生堂
台湾	台中、南投、嘉义、苗栗、台东、新竹	台湾金线莲实业有限公司、有容农业生物技术有限公司、冠乔实业有限公司、世华生物科技股份有限公司、康是宝生技有限公司、庭茂农业生技股份有限公司、玉山金线莲培植农场、日胜金线莲休闲农场、埔里大雪山农场、南投县埔里金线莲生产合作社、世宝有机农场、新竹县五峰乡竹林养生村合作社	Nice Green、Innorchid、介赞、世华、康是宝、大雪山

产业特点 金线莲产业具有跨三次产业、跨不同要素密集度产业的特点，其中种植业是基础，加工业是核心，流通业是连接种植业和加工业的桥梁。只有保证金线莲产业链的种植业（一产）、加工业（二产）、流通业（三产）等环节的有效联动，才能加速其产业发展。金线莲种植业是产业链的基础环节，即持续、稳定地以种植或生物工程方式生产种苗和药材。金线莲种苗繁育主要有种子无菌培养、离体快繁、人工种子及生物反应器扩繁等几种形式，种苗的工厂化生产有效地解决了种植单位对种苗的需求。金线莲种苗繁育需要无菌操作室、灭菌设备、接种设备、温控设备等，具有投入高、技术要求高等特点。金线莲人工栽培主要包括设施栽培、林下仿野生栽培、盆栽等模式。设施栽培是指通过创造人工可控的环境条件，使金线莲能够正常生长发育，摆脱了环境对生产的不利影响，有效地保证了生产的稳定性，可分为玻璃温室大棚栽培、连栋钢管大棚栽培、简易大棚栽培和单筐套袋式栽培等4种类型。林下仿野生栽培是指以林地资源为依托，利用林木枝叶适当的遮阴效果，形成有利于金线莲生长的环境，不与粮食争良田，不与林木争林地，充分利用空间，有效地解决了中药材生产的土地问题。林下仿野生栽培可分为林下地栽、林下搭架栽培和林下悬挂栽培3种类型。云南文庆农业发展有限公司等在探索金线莲林下种植进程中，充分利用丰富的森林资源优势和得天独厚的自然资源优势，因地制宜发展林下金线莲产业。金线莲具有极高的观赏价值，可以单独进行盆栽，也可与兰草等其他盆栽苗木镶嵌搭配作为高档盆栽，并且已进入宾馆、写字楼和家庭，日渐受到消费者的青睐。盆栽可分为盆景式栽培和提篮式栽培两种类型。金线莲不同栽培模式在单位生产成本和单位面积产量方面存在一定的差异，简易大棚栽培、林下仿野生栽培、提篮式栽培单位生产成本相对较低，林下仿野生栽培和盆景式栽培单位面积产量相对较低。但各栽培模式均具有技术要求高、产出效益高、生产风险高的特点（表1-5）。近年来，还有企业采用植物工厂生产金线莲，利用智能化传感系统对金线莲生长所需的温度、湿度、光照、二氧化碳（CO_2）浓度以及营养液的条件进行自动控制，从而实现金线莲周年连续生产。金线莲产品加工涉及原料前处理、药效物质提取工艺优化、制剂研究、剂型开发、安全评价、中试生产开发等许多环节，机械化和自动化程度比较高，需要在资金和技术方面有较高投入。金线莲流通业是媒介生产和消费的中间环节，种植业和加工业的产出都必须通过中药流通业才能被消费和使用。金线莲目前的流通渠道包括中药材批发企业、零售企业、经纪人、医疗机构、专卖店、网店、基地直销等，需要在劳动力和资金方面有较高投入。

表1-5　金线莲不同栽培模式比较

栽培模式		单位生产成本	单位面积产量	产出效益	技术要求	生产风险
设施栽培	玻璃温室大棚栽培	高	高	高	高	高
	连栋钢管大棚栽培	高	高	高	高	高
	简易大棚栽培	低	高	高	高	高
	单筐套袋式栽培	高	高	高	高	高
林下仿野生栽培	林下地栽	低	低	高	高	高
	林下搭架栽培	低	低	高	高	高
	林下悬挂栽培	低	低	高	高	高
盆栽	盆景式栽培	高	低	高	高	高
	提篮式栽培	低	高	高	高	高

二、产业发展面临的主要问题

1.野生资源保护和品种选育进程滞后　金线莲为阴生植物，生境独特，对小气候环境要求十分严格，野外主要分布于常绿阔叶林的沟边、石壁及土质松散的潮湿地带。由于金线莲处于群落的最底层，植株矮小，根系分布浅，因此对群落中各个生态资源的利用率很低，竞争能力差，处于被支配地位。金线莲种子极为细小，由未成熟的椭圆形胚及种皮细胞构成，只有在真菌共生情况下，才能促进种子萌发。由于金线莲种子形态的特殊性和对真菌的依赖性，其发芽率很低，而仅靠分蘖繁殖则繁殖倍数不高，自然更新能力较差。人为毁林开荒，造成植被破坏、森林面积减少，金线莲赖以生存的生境遭到破坏。此外国内外市场需求量不断上升，药农受利益驱使无节制、掠夺性地采挖金线莲，使金线莲野生资源急剧减少。近年来，金线莲人工栽培面积迅速扩大，由于种源大多来自野生资源，不同种源的金线莲株高、地径、叶长、叶宽、植株叶面积、叶片鲜重、叶片数、高径比、植株鲜重等形态学性状，以及多糖、黄酮等化学成分均存在差异，因此产量与内在质量不稳定，严重影响了药材的质量。经过人工选择，目前已选育出健君1号、金康1号和金兰1号金线莲新品种，但是相较于农作物，无论是育种手段、育种方法还是育种进程都相对滞后。

2.质量标准体系研究薄弱　金线莲产品质量标准缺失，市场上产品质量参差不齐，存在以次充好、售假掺假的现象，常见的伪品有斑叶兰、血叶兰。此外部分不法商家甚至将组培瓶苗直接投放市场，造成销售市场混乱。大多凭眼看、口尝、鼻闻和手摸等感官经验，判断金线莲真伪优劣，缺乏严格的量化质量控制和检测指标。以往颁布的福建省地方标准 DB35/T 1254—2012《金线莲培育技术规程》，贵州省地方标准 DB52/T 919—2014《金线莲规范化生产技术规程》，均未涉及金线莲的质量评定标准。DB35/T 1388—2013《地理标志产品　永安金线莲》仅以株高、整齐度、根数、叶片数、叶形、叶色等感官性状，以及多糖、黄酮含量等理化指标作为评定标准。金线莲鲜品要求植株硬挺，茎节明显，株高6cm以上，根2~3条，叶5~6片，叶为卵椭圆形，互生，具柄，尾尖，叶表面墨绿色或红褐色有光泽，叶脉金黄清晰，脉络相连，背面呈淡紫色。金线莲干品要求茎节明显，叶片卷曲皱缩，脉络清晰，有特殊气味，每克7~10株，多糖含量≥6.0%，黄酮含量≥0.6%，水分含量≤12%。《福建省中药材标准》也仅对性状、叶横切面特征、粉末特征进行了规定，要求金线莲干燥全草缠结成团，深褐色，展开后完整的植株长4~24cm，茎细，径0.5~1mm，具纵皱纹，断面棕褐色，叶互生，呈卵形，长2~5cm，宽1~3cm，先端急尖，叶脉为橙红色，叶柄短，基部呈鞘状，气微香，味淡微甘，而未对浸出物含量、微生物指标、农药残留量、重金属限量等作出规定。2022年6月，福建省卫生健康委员会发布 DBS 35/006—2022《食品安全地方标准　金线莲》，对金线莲的性状、理化指标、污染物限量、真菌毒素限量、农药残留限量等均作出了规定。2024年4月，云南省卫生健康委员会发布 DBS 53/038—2024《金线莲》，对金线莲的感官要求、理化指标、污染物限量、农药残留限量等均作出了规定。

3. 产业层次低，产品创新能力不强　目前金线莲产业仍处于产业链低端，以农业种植和原料初级加工为主，产品科技含量不高、附加值低。2019年，国家卫健委发文"鉴于金线莲、铁皮石斛叶、铁皮石斛花等具有地方传统食用习惯，建议按照《食品安全法》第29条管理"。金线莲各生产企业普遍规模较小，即使是产业中的龙头企业规模也不大，人才、资金、资源有限，难以开展新产品研发，以鲜品、干品、保健茶为主，产品雷同，集约化程度低，产品创新能力不强。大陆市场上只有复方金线莲胶囊、复方金线莲口服液、金线莲喷雾剂等产品，而台湾已经将金线莲开发成各种层次和系列的产品，如台湾金线莲实业有限公司的金线莲优饮料，庭茂农业生技股份有限公司的金线莲老梅醋饮、金线莲黑木耳露饮料，世宝有机农场的金线莲酿造醋，米乐有限公司的宝苷台湾金线莲微丸胶囊，有容农业生物技术有限公司的沛优素胶囊，世华生物科技股份有限公司的台湾金线莲胶囊等。华中科技大学药学院张勇慧教授课题组研究发现，金线莲苷具有良好的保肝护肝作用，并且阐明了相关作用机制，于2023年7月28日获得国家药品监督管理局颁发的金线莲苷一类新药临床批件。

4.市场认知度不高，品牌竞争力弱　近年来随着组织培养和设施栽培等关键技术突破性的进展，金线莲种植规模迅速扩大，初步形成了集科研、种植、加工、销售为一体的产业链。但是金线莲主要销售市场集中于福建、广东、浙江、上海等地，其他地区的消费者对金线莲的认知度不高。虽然中央电视台综合频道新闻联播《养林护林福建让林农不砍树也致富》，中央电视台中文国际频道《中华医药》栏目中《中华神草之金线莲》，《远方的家》系列节目《百山百川行》栏目中《寻找珍稀植物金线莲》，中央电视台军事·农业频道《每日农经》栏目中《一根小草创收20亿元》以及中央电视台军事·农业频道《每日农经》栏目中《金枝玉叶金线莲巧开发》等节目的播出对金线莲产业的宣传起了很大的推动作用（图1-7），但相较于人参、冬虫夏草、枸杞、铁皮石斛等产业，宣传力度还远远不够。金线莲具有增强免疫力、抗肝损伤、降血糖、抗氧化等药理活性，主要功能为提高机体免疫力、保肝护肝、辅助治疗糖

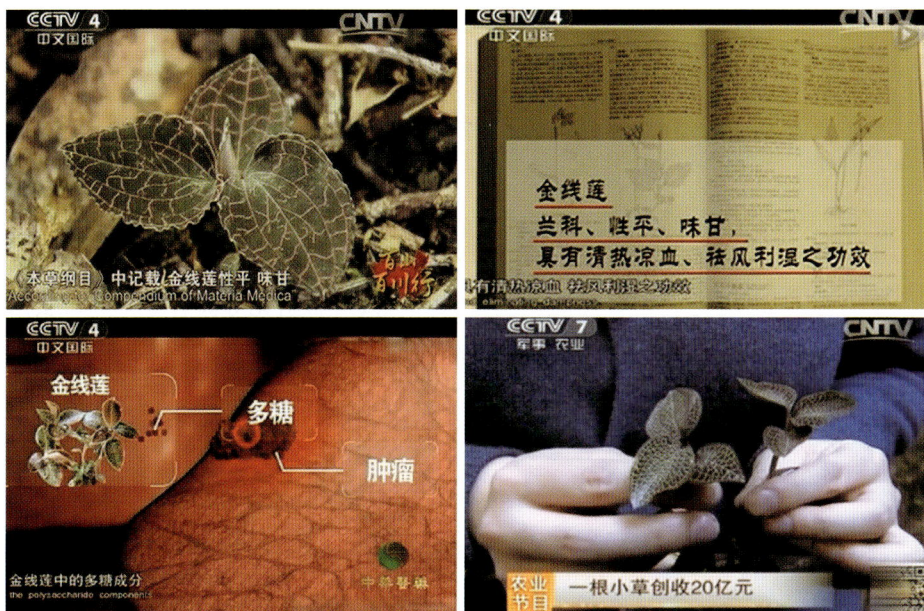

图1-7　中央电视台对金线莲的相关报道

尿病等。金线莲不能"包治百病",更不是"长生不老药",但是目前存在部分商家夸大宣传、误导消费者的现象。近年来金线莲生产企业逐步意识到品牌建设的重要性,也创建了鸟仙草、麟阳、匠康源、寻药佬、闽湘龙凤呈祥、畬景堂、磐山源(图1-8)等一批品牌,但是品牌建设总体力度不够。品牌数量过

图1-8　金线莲产品

a.泉州市金草生物技术有限公司金线莲产品　b.福建御善源生物科技有限公司金线莲产品

c.浙江方宜生物科技有限公司金线莲产品　d.丽水剑兰生物科技有限公司金线莲产品

e.衢州市三易易生态农业科技有限公司金线莲产品　f.福建省麟阳农业科技有限公司金线莲产品

多，特点不鲜明，影响力小，知名度低，尚未形成全国性的知名品牌，另外虽然建立移山莲、武平金线莲等区域公用品牌，但是品牌管理松散，没有将品牌优势转化为市场优势。

三、产业可持续发展对策

1. 加强种质资源保护，构建动态监测体系　种质资源是提高中药材质量的关键和源头，金线莲种质资源保护应坚持就地保护、迁地保护与离体保护相结合，自然更新与人工培育相结合的原则。结合第四次全国中药资源普查试点工作，在金线莲野生资源分布的戴云山、武夷山、虎伯寮、乌岩岭、大盘山等国家级自然保护区开展就地保护，通过改善生存环境、促进自然更新、就地繁育等手段增加种群数量，使其保持群落平衡。有条件的地方适时建立种质资源圃，加强迁地保护工作，通过引种驯化，不仅保护了种质资源，还为保护生物学的基础研究、居群扩繁、回归引种及生境修复提供了材料。推进离体保护工作，建立种质资源库和基因库，对金线莲种子、器官、组织、细胞或原生质体等进行保存。在保护的基础上，对金线莲种质资源状况进行系统的测定、观察、记载、分析和评价，构建动态监测体系，揭示种质资源变动过程中各种因素的关系和变化的内在规律，展现种质资源演变轨迹和变化趋势，为合理管理和利用种质资源提供决策依据。

2. 加强优良品种选育，建立健全良种繁育制度　优良的品种是药材质量稳定的基础，是中药材规范化生产的保证。由于科技力量、资金保障、基地建设等因素制约，长期以来金线莲品种选育处于自发自主、自生自灭的状态。应加强金线莲种质资源的经济性状和生物学性状鉴定和评价，筛选出在品质、产量、抗性等方面具有优良特性的种质，为新品种选育提供基础材料。采取以"选"为主，以"育"为辅，"选""育"结合的策略，通过常规系统选育、杂交育种、诱变育种、分子辅助育种等手段培育出优质、高产、高抗的金线莲优良品种。如从福建武平野生金线莲中选出的新品种健君1号，长势旺盛，抗病性强；从福建南靖尖叶变异株中系统选育出的金康1号产量较高，品质好，中抗茎腐病，适合浙江省山区林下种植；福建永安株系选育出的金兰1号品质优、抗性强、产量高，适合在浙江省广大山区种植推广。经过人工选育的品种，应在药材生产地区建立良种繁育基地，参照《中华人民共和国农作物种子检验规程》，建立金线莲种苗质量分级标准，逐步实现品种布局区域化、种苗生产专业化、加工机械化和质量标准化，以县为单位组织统一供种的"四化一供"目标。

3.加强质量标准体系研究，切实提高药材品质 完善金线莲质量评价体系，从源头上控制和提高药材的质量，使金线莲栽培、加工等各环节都有相应的标准可循，为金线莲产品的深度开发提供基础。加强金线莲规范化栽培技术集成创新与应用，提升金线莲标准化栽培水平，包括栽培基质、移栽方法、肥水管理、病虫害防治及采收等。浙江省地方标准DB33/T 2289—2020《金线莲生产技术规范》对金线莲栽培模式、种苗生产、设施栽培、林下原生态栽培管理、有害生物防治等作出了详细的规定。DB35/T 1388—2013《地理标志产品 永安金线莲》将多糖和黄酮含量作为金线莲质量控制指标。2022年7月正式实施的福建省地方标准DBS 35/006—2022《食品安全地方标准 金线莲》将金线莲苷、总黄酮作为品质评价标准。2024年4月发布的云南省食品安全地方标准DBS 53/038—2024《金线莲》也将金线莲苷列为主要理化指标。运用现代科技手段开展金线莲药效物质基础及作用机制研究，寻找能较好评价金线莲品质的指标性成分。在评价金线莲活性成分的同时，应对药材中有毒、有害成分进行有效控制，加快农药及重金属检测系列标准的研究与制定，保证用药的安全有效。在条件成熟的情况下，将金线莲地方药材标准上升为国家药材标准。

4.加快产品结构调整，推动产业技术升级 2013年国家卫计委对金线莲拟批准为新食品原料进行公示，但最终未予批准，还不能作为食品原料。2019年，国家卫健委发文"鉴于金线莲、铁皮石斛叶、铁皮石斛花等具有地方传统食用习惯，建议按照《食品安全法》第29条管理"。政府相关职能部门应该组织科研院所、大专院校及龙头企业进行联合攻关，解决政策性障碍。目前金线莲产品以鲜品、干品、保健茶为主，鲜品不便于存放，干品和保健茶价格高，三者均存在服用不方便、附加值低等缺点。应加大研发投入，加快产品结构调整，改变现有产品科技含量低、档次低、附加值低等问题。针对西医西药缺乏确切疗效的疑难病、慢性病及由不良的生活习惯所造成的亚健康综合征，结合金线莲增强机体免疫力、保肝护肝、辅助治疗糖尿病等功效，开发1～2个疗效确切、安全可靠的药品或保健品，从而提升产品附加值，推动产业技术升级。

5. 提升品牌竞争力，拓展销售市场 品牌是产品品质和价值的体现，加强对金线莲知名品牌创建活动的引导和支持，鼓励企业争创中国驰名商标，以品牌为纽带促进资金、技术、人才等生产要素重新整合，实现资源的优化配置。利用抖音、小红书、微信、微博、电视、报纸等宣传渠道，以及农博会、展销会、森博会、招商会、学术交流会等平台，对品牌进行宣传推介。通过网络旗舰店、实体专卖店、线上直播带货等形式，传播品牌理念，树立品牌形象，扩大品牌的影响力及国内外的知名度和美誉度。运用现代营销手段，将品牌优势转化为市场优势，不断拓展国内市场，以及韩国、日本、新加坡、马来西亚等国际市场，力争通过10年时间的努力，打造销售收入上亿元的品牌10个，销售收入上10亿元的品牌5～6个。

第二章

金线莲
药理活性与临床应用

第一节 金线莲主要化学成分

金线莲主要化学成分有金线莲苷、黄酮类、生物碱、甾体、多糖类、挥发油、萜类等。其中，金线莲苷是金线莲中主要药效成分（图2-1）。

图2-1 金线莲主要化学成分

一、金线莲苷

金线莲苷（kinsenoside）为3（*R*）-羟基-丁内酯3位*R*构型的手性碳和*β*-D-葡萄糖以糖苷键连接形成的葡萄糖苷，化学名称为3*R*-3-D-吡喃葡萄糖氧基-丁内酯，易溶于水、甲醇等，难溶于氯仿、丙酮等。人们不仅从番红花（*Crocus sativus*）、斑叶兰属（*Goodyera*）植物分离到其差向异构体的天然产物goodyeroside A，也通过化学方法人工合成其差向异构体，goodveroside A对四氯化碳引起的小鼠急慢性肝损伤具有缓解作用。

金线莲苷具有保肝护肝作用。用四氯化碳（CCl_4）诱导小鼠急、慢性肝损伤模型，模型对照组以生理盐水灌胃7d，模型给药组分别以每千克体重

100mg、300mg、500mg金线莲苷灌胃7d，阳性给药组以每千克体重200mg水飞蓟素灌胃7d，正常组以生理盐水灌胃7d。模型对照组小鼠血清谷丙转氨酶（GPT/ALT）活性、谷草转氨酶（GOT/AST）活性、小鼠肝脏系数、小鼠脾脏系数显著高于正常组。模型给药组小鼠GPT/ALT活性、GOT/AST活性，小鼠肝脏系数、小鼠脾脏系数显著低于模型对照组，并呈剂量依赖型；组织病理学分析表明，模型给药组和阳性给药组小鼠肝脏表面比较光滑，颜色为红褐色，肝细胞肿胀坏死和炎症细胞浸润程度明显轻于模型对照组。

金线莲苷还具有降血脂和减肥作用。研究显示正常大鼠分别喂饲高脂饲料（HFD）、HFD＋每千克体重50mg金线莲苷、HFD＋每千克体重100mg金线莲苷，6d后金线莲苷用药组与高血脂模型组相比，体重、肝重和肝脏的三酰甘油水平均降低，HFD＋每千克体重100mg金线莲苷抑制效果更显著。用硫代葡糖金诱导肥胖症小鼠模型，模型对照组喂饲HFD，模型用药组分别喂饲HFD＋0.1%金线莲苷和HFD＋0.2%金线莲苷，正常组喂饲正常饲料，均喂饲6周，模型对照组小鼠体重、肝重、肝脏中三酰甘油水平和子宫周围脂肪垫含量显著高于正常组，模型用药组显著低于模型对照组，且呈剂量依赖型，喂饲HFD＋0.2%金线莲苷的模型组小鼠，肝重和三酰甘油水平仅略高于正常组小鼠。组织病理学实验显示，模型用药组与模型对照组小鼠相比，肝脏脂肪含量降低，脂肪样变减轻，HFD中金线莲苷含量越高，肝脏脂肪样变减轻越明显，说明金线莲苷通过加速脂质代谢抑制肥胖小鼠体重、肝重的增加。

除此之外，金线莲苷还可以降血糖，保护内皮细胞，改善骨质疏松，抑制炎症反应，抗癌和抑菌等。

二、黄酮和黄酮苷

黄酮类化合物属植物次生代谢产物，在植物中广泛存在，种类繁多，结构类型复杂。近年研究发现生物黄酮类化合物具有抗氧化、保肝、抗肿瘤和治疗糖尿病等作用。进一步研究表明，金线莲中的黄酮主要是槲皮素、山奈酚和异鼠李素。此外，金线莲中的大多数黄酮和相关糖苷具有抗氧化活性，可以清除自由基。到目前为止，已经在金线莲中鉴定出26种主要的黄酮和黄酮苷：槲皮素、槲皮素-3-O-葡萄糖苷、槲皮素-3'-O-葡萄糖苷、槲皮素-3-O-β-D-芸香糖苷、槲皮素-7-O-β-D-葡萄糖苷、槲皮素-7-O-β-D-[6'-O-（反-阿魏酰基）]吡喃葡萄糖苷、异鼠李素、异鼠李素-3-O-β-D-吡喃葡萄糖苷、异鼠李素-7-O-

β-D-吡喃葡萄糖苷、异鼠李素 -3-O-β-D-芸香糖苷、异鼠李素 -3-O-新西兰苷、异鼠李素 -3,4′-O-β-D-二葡萄糖苷、异鼠李素 -3,7-O-β-D-二葡萄糖苷、异鼠李素 -7-O-β-D-二葡萄糖苷、雷姆嗪、鼠李糖 -3-O-β-D-葡萄糖苷、山奈酚 -3-O-β-D-吡喃葡萄糖苷、山奈酚 -7-O-β-D-吡喃葡萄糖苷、山奈酚 -3-O-（6′-对香豆酰基）葡萄糖苷、罗红巴质、8-C-p-羟基苄基槲皮素、3′,4′,7-三甲氧基 -3,5-二羟基黄酮、5-羟基 -3′,4′,7-三甲氧基黄酮醇 -3-O-β-D-芸香糖苷、7-甲氧基 -3′,4′,5-三羟基黄酮醇 -3-O-β-D-葡萄糖苷、5,4′-二羟基 -6,7,3′-三甲氧基黄酮和 5,6,3,4′-四羟基 -7,5′-二酮黄酮 -3′-O-葡萄糖苷。

三、多糖

组成金线莲多糖的单糖主要为葡萄糖、甘露糖、鼠李糖、半乳糖和岩藻糖，其中 3/4 以上为半乳糖和葡萄糖。不同产地不同部位金线莲多糖含量不同，范围为 0.86%～6.41%。近些年，人们还从金线莲中提取了两种新的多糖 ARPP-40（40% 乙醇沉淀）和 ARPP-70（70% 乙醇沉淀），分子质量分别为 423ku、10.8ku，中性糖含量分别为 97.4%、51.4%。从单糖组成来看，ARPP-40 只含有葡萄糖，而 ARPP-70 由 7 种单糖组成，其中葡萄糖和半乳糖是主要成分。

四、有机酸和挥发性化合物

有机酸是一类广泛存在于各种中草药中的含羧基化合物，具有明显的药理作用，包括抗氧化、抗癌、护肝和免疫调节作用。金线莲中有机酸类成分主要有阿魏酸、棕榈酸、硬脂酸等 11 种。阿魏酸钠可以显著促进肝脏中乙醇诱导的脂质过氧化，减少谷胱甘肽的消耗，防止谷胱甘肽 S-转移酶和谷胱甘肽过氧化物酶活性的降低。肉桂酸阻碍黑色素瘤分化和侵袭，并且对高度转移性恶性人肺癌细胞具有抑制作用。从金线莲中分离得到的挥发性油成分，具有很强的生物活性，能够增强心肌的活性，促进肝脏脂肪的分泌并且能够抗感冒。目前已知金线莲中有机酸和挥发性化合物如下：棕榈酸、硬脂酸、阿魏酸、琥珀酸、香草酸、(E)-2-羟基肉桂酸、(E)-3-羟基肉桂酸、(E)-p-香豆酸、(Z)-对香豆酸和 5-羟基阿魏酸。

五、甾醇

植物甾醇是一类广泛应用于医药、食品、化妆品等行业的生物活性物质。金线莲中已知的甾醇有菜油甾醇、麦角甾醇、羊毛甾醇、β-谷甾醇、豆甾醇、24-异丙烯基胆固醇和26-开唇兰甾醇。研究表明，豆甾醇和β-谷甾醇具有明显的降胆固醇、抗炎、抗发热和抗肿瘤作用，麦角甾醇具有消炎、抗癌、抑制胆固醇合成酶活性等多种生物学功能，并且可以在人体内转化为维生素D_2。

六、三萜

金线莲中已经鉴定了8个三萜烯：α-香树脂、β-香树脂、齐墩果酸、熊果酸、高粱醇、高粱醇-3-O-（Z）-p-香豆酸酯、高粱醇-3-O-（E）-对香豆酸酯和3-β-甲氧基-22（29）-烯。其中，齐墩果酸对应于一系列齐墩果醇五环三萜化合物，大多数以游离酸或糖苷的形式存在。齐墩果酸具有抗病毒，抗炎，抗HIV活性，抗血小板聚集，降低血脂、血糖，保护肝肾及双向免疫调节作用，是治疗急性黄疸肝炎和慢性病毒性肝炎的理想药物。熊果酸具有抗糖尿病、抗溃疡及降低血脂作用。

七、生物碱

生物碱表现出抗炎、抗菌、抗病毒、抗癌、保护肝脏和心血管及中枢神经系统的药理活性。有学者发现，金线莲中的生物碱组分对实验动物具有较好的镇痛作用，是吗啡的两倍。

八、其他成分

从金线莲中分离出具有抗HIV活性的内生真菌（*Epulorhiza* sp.）。将该内生真菌进行发酵培养，发现了11种单体化合物，其中3-羧基吲哚被认为是抗HIV的活性物质，另外一种化合物吡咯啉（1，2a）-3，6-二酮六氢吡嗪显示有抗心律失常作用。此外，金线莲中存在13种无机元素。金线莲中的大中量元素包括Ca、P、Mg、Na和K，其中K的含量最高，Na最低。金线莲中的微量元素分别是Fe、Co、Cu、Mn、Zn、Mo和Cr，Fe含量最高，Co含量最低。现代研究表明，金线莲中的微量元素、总氨基酸和7种人体必需氨基酸含量均高于人参和西洋参。

第二节　金线莲药理活性

一、肝肾保护活性

金线莲苷（每千克体重100mg）对CCl_4诱导的急性肝损伤具有缓解作用；对急性肝损伤小鼠的免疫器官也具有保护作用。金线莲苷的完全乙酰化衍生物可显著减少肝细胞脂肪变性和坏死。金线莲提取物可以抑制由肝损伤引起的肝脏和脾脏增大及胸腺萎缩，并显著减少小鼠肝损伤和早期肝纤维化的发生。一项研究表明，金线莲对急性和慢性化学性肝损伤具有缓解作用，可以降低早期肝纤维化的发生率。黄酮和多糖可能是护肝作用的活性物质，其潜在机制可能与肝细胞中自由基的去除、脂质过氧化的抑制和细胞膜的稳定有关。

金线莲多糖（ARP，每千克体重100mg）可以抑制肾p38MAP激酶级联及其下游炎症因子的表达，包括肿瘤坏死因子α（TNF-α）、单核细胞趋化蛋白1（MCP-1）、FN和MMP2/9。此外，在食用ARP后，观察到肾小球系膜基质的沉积和微血管结构的损伤明显减少。因此，ARP对糖尿病肾损伤的缓解作用可能归因于p38MAP激酶级联的抑制和炎性反应的减弱。

二、降血糖活性

糖尿病也称为消渴病，是一种能够破坏糖尿病患者脂质代谢和增加游离脂肪酸含量的葡萄糖代谢紊乱的病症，存在糖毒性和脂质毒性。在过去几年中，金线莲的降血糖活性一直是金线莲药理活性的研究重点。金线莲具有显著的降血糖作用。并且金线莲活性成分主要存在于水提取液中，其降血糖作用与金线莲水煎剂相似。金线莲水提取物（每千克体重300mg）对小鼠四氧嘧啶诱导的高血糖模型有抑制作用。金线莲对四氧嘧啶诱导的胰岛β细胞损伤没有显著的缓解作用，表明金线莲的降糖机制不是通过直接刺激胰岛细胞释放胰岛素而实现的。然而，金线莲水提取物（每千克体重300mg）可以显著拮抗小鼠肾上腺素和外源性葡萄糖触发的血糖升高，这表明金线莲可以减少小鼠肠道中的葡萄糖吸收，抑制肾上腺素分泌，促进糖原分解，或改善小鼠葡萄糖耐量。研究表明，金线莲正丁醇提取物（每千克体重600mg）可以显著降低糖尿病大鼠（STZ）的血糖，其降血糖机制可能与提高大鼠抗氧化能力、减少胰腺胰岛和胰腺细胞损伤、减少细胞凋亡有关。

在链脲佐菌素诱导的糖尿病大鼠中，金线莲多糖（每千克体重75mg）可通过提高自身的抗氧化能力发挥其抗糖尿病作用，降低血脂水平，从而影响葡萄糖代谢酶，减少对胰腺、肝脏和肾脏等组织的损伤，促进受损组织修复。另外，金线莲苷（每千克体重15mg）能够显著降低血糖水平，其机制可能与抗氧化酶的调节、自由基清除和血清NO水平的降低有关。此外，金线莲苷对损伤的胰岛素细胞具有修复作用。这些研究结果表明，金线莲在糖尿病预防和治疗方面效果显著。

三、抗炎活性

金线莲水提取物（每千克体重15g）对二甲苯诱导的小鼠具有显著的抗炎作用，可能是通过影响血小板中TXA2和主动脉内皮中PGL2的产生而发挥作用。另外，中高剂量的金线莲提取物可以显著抑制小鼠由乙酸诱导的毛细血管通透性增加，表明金线莲提取物具有明显抗炎作用。除了前面提到的降血糖活性外，金线莲苷（每千克体重80mg）可抑制炎性介质的产生并增强抗炎细胞因子的产生。金线莲苷可抑制脂多糖（LPS）刺激小鼠腹腔灌洗巨噬细胞的炎症介质如NO、TNF-α、IL-1β和单核细胞趋化蛋白1及巨噬细胞迁移抑制因子的产生。金线莲苷可以减少核因子κB-DNA复合核p65和p50蛋白（构成NF-κB转录因子家族成分）的形成，并可以通过IκBα依赖和非依赖性途径抑制核因子κB易位。相比之下，人参皂苷刺激了LPS诱导的相同细胞中抗炎细胞因子IL-10的产生，增强IL-10的mRNA表达。金线莲苷能够抑制CCl$_4$诱导的慢性肝炎，具有显著的抗肝毒性作用。

四、抗氧化

氧化应激通常被认为是导致衰老和疾病的一个重要因素，随着衰老机体自由基产生和消除的不平衡，过量的自由基可损伤细胞膜、DNA结构等，最终导致细胞死亡。人们在研究金线莲类黄酮提取物（ARF）对H_2O_2和D-gal诱导衰老小鼠LO2细胞氧化应激的保护作用中发现，ARF对H_2O_2诱导的LO2细胞有一定的保护作用，能有效提高细胞上清液中SOD、GSH-PX活性，降低MDA含量。在体内ARF对D-gal诱导的衰老小鼠有不同程度的改善记忆，改善皮肤和肝组织病理形态学，降低MDA含量，提高SOD、GSH-PX和MAO活性，上调GPx-1和GPx-4表达的作用，从而保护LO2细胞免受H_2O_2诱导的氧化应激，为金线莲作为天然食品添加剂和抗氧化剂的发展提供了参考。还有研究发现，给予金线莲多糖，能显著抑制衰老小鼠大脑皮层的NF-κB信号通路，增强衰老小鼠大脑皮层抗氧化酶活性，平衡小鼠的抗氧化系统，有效提高衰老小鼠的学习、认知能力。在对金线莲乙醇提取物抗氧化作用的研究中发现，人工种植金线莲乙醇提取物可提高自然衰老小鼠血清和肝中SOD与GSH-PX活性，并能降低MDA的含量。这说明，金线莲可以清除自由基，提高体内抗氧化酶的活性，缓解衰老。

五、免疫调节活性

大多数植物多糖，特别是兰科植物多糖，具有很强的调节人体免疫作用。例如，铁皮石斛、白及和金线莲的多糖可以显著增强免疫力。在小鼠中，金线莲多糖口服溶液（每千克体重100mg）可以增强免疫力，从而显著改善脾、胸腺功能和提高吞噬细胞的吞噬指数，促进溶血素生成和脾淋巴细胞增殖。金线莲多糖可以增加免疫抑制小鼠的体重和免疫器官指数，从而促进淋巴细胞增殖。在健康小鼠中，金线莲多糖也可以促进生长，增加脾重、胸腺重量和胸腺指数，并促进吞噬和提高肿瘤坏死因子TNF-α的水平。研究表明，金线莲能增强免疫力，保护神经系统，促进儿童生长发育。

六、抗肿瘤活性

金线莲多糖（$IC_{50} = 509.24mg/L$）可以体外抑制人前列腺癌PC-3细胞的生长和增殖，激活凋亡蛋白酶caspase-3，间接或直接促进caspase-3的表达，促进肿瘤细胞凋亡，揭示其抗肿瘤活性。金线莲挥发油可以快速激活肿瘤细胞凋亡机制，引发肿瘤细胞凋亡，引起肿瘤细胞结构分解，最终诱导凋亡细胞形成凋亡小体。功能基因组学研究表明，MCF-7人乳腺癌细胞的信号转导途径对台湾金线莲提取物有反应，表明台湾金线莲可以诱导MCF-7人乳腺癌细胞凋亡。台湾金线莲水提物（每只小鼠10mg）可以有效抑制小鼠中的结肠癌细胞。另有试验已经表明，台湾金线莲水提物可以刺激小鼠的免疫应答，例如通过刺激免疫系统促进淋巴细胞增殖，并通过激活巨噬细胞吞噬金黄色葡萄球菌。这一观察结果表明，台湾金线莲通过其有效的免疫刺激作用发挥其抗肿瘤活性。总之，金线莲的抗癌机制主要与caspase-3基因表达、凋亡相关酶级联诱导和免疫刺激有关。

第三节　金线莲临床应用

金线莲的药理活性主要有保护肝肾、抗糖尿病、免疫调节、抗肿瘤及抗炎等，在临床中可用于治疗肝炎、2型糖尿病、高尿酸血症、手足口病、小儿抽动秽语综合征、咳嗽变异性哮喘等（图2-2）。

图2-2　金线莲药理活性及临床应用

一、非酒精性脂肪性肝炎和自身免疫性肝炎

非酒精性脂肪性肝炎（NASH）是一种肝脏疾病，特点是肝脏内部的脂肪积累和炎症。NASH被认为是非酒精性脂肪肝病（NAFLD）的严重形式。与

NAFLD只涉及肝脏内脂肪堆积不同，NASH随时间的推移可能发展为肝硬化、肝功能衰竭或肝癌。金线莲苷可减轻蛋氨酸胆碱缺乏（MCD）诱导的NASH小鼠肝损伤、脂肪变性、氧化应激、炎症以及减缓肝细胞凋亡和纤维化进程，还能显著改善高脂高糖饮食诱导的NASH小鼠肝功能，抑制肝脏异常脂质堆积，减轻肝脏炎症，并且在多数指标中的效果明显优于阳性药水飞蓟素，且治疗剂量更低。

自身免疫性肝炎（AIH）是一种由免疫系统攻击肝脏而引起的慢性炎症性疾病。在自身免疫性肝炎中，免疫系统错误地将肝脏组织视为外来物质，发出攻击信号，导致肝脏受损。这种炎症可能会导致肝脏组织受损和纤维化，最终可能会导致肝硬化或肝功能衰竭。金线莲苷可缓解AIH小鼠的肝脏损伤和炎性浸润，抑制树突细胞（DC）和T细胞糖摄取、血清游离脂肪酸分泌，下调免疫细胞中葡萄糖转运体1表达。金线莲苷通过靶向血管内皮生长因子受体2（VEGFR2），降低了炎症因子的增殖和细胞外基质分泌，从而发挥免疫抑制作用，产生对AIH的缓解作用。

二、胆汁淤积性肝损伤和酒精性肝损伤

胆汁淤积性肝损伤是指胆汁在肝脏内部的排泄受阻或受限，导致胆汁在肝内积聚，从而引起肝脏损伤的疾病。这种情况可能由多种原因引起，包括胆道结石、胆管狭窄、肝内或肝外胆管阻塞、肝脏疾病、感染或先天性异常等。金线莲苷对大鼠雌激素诱导的胆汁淤积性肝损伤具有缓解作用，使相关血清生化因子正常化，与熊去氧胆酸相当。金线莲苷在体外和体内抑制乙炔雌二醇导致的胆汁酸受体（FXR）下调，并通过FXR调控BSEPNTCP和CYP7A1等蛋白的表达，从而抑制胆汁酸的摄取、合成，并促进外排来维持胆汁酸稳态。

酒精性肝损伤是由长期酗酒引起的肝脏损伤。酒精性肝损伤包括多种病变，从轻度脂肪肝到酒精性肝炎和最终的肝硬化。金线莲苷在细胞和小鼠模型中都可减少酒精诱导的肝损伤、减轻脂质堆积，作用与水飞蓟素相当。自噬和蛋白组学分析显示，金线莲苷主要通过作用于内质网应激、缓解氧AIDK信号通路来发挥作用。金线莲苷降低酒精诱导的氧化损伤和内质网应激，逆转酒精对AMPK信号通路的抑制，激活细胞保护性自噬。活性与水飞蓟素相当，具有很好的开发前景。

三、肝纤维化

肝纤维化是指肝脏内弥漫性细胞外基质（特别是胶原）过度沉积。它不是一个独立的疾病，许多慢性肝脏疾病均可引起肝纤维化，其病因大致可分为感染性（慢性乙型、丙型和丁型病毒性肝炎，血吸虫病等）、先天性代谢缺陷（肝豆状核变性、血色病、α1-抗胰蛋白酶缺乏症等）和化学代谢缺陷（慢性酒精性肝病、慢性药物性肝病）、自身免疫性肝炎、原发性胆汁性肝硬化和原发性硬化性胆管炎等。金线莲苷通过作用于PI3K-AKTFoxO1信号轴，降低IL-12、促进PD-L1的表达来抑制DC异常，从而阻断CD8$^+$T细胞和肝星状细胞的激活，减轻肝纤维化过程中的肝损伤和炎症反应。金线莲苷有效抑制肝星状细胞的激活及增殖，显著抑制TGF-β1/Smad信号通路，降低结缔组织生长因子（CTGF）和纤维化相关蛋白表达。

四、幽门螺杆菌感染

幽门螺杆菌（*Helicobacter pylori*，*Hp*）被认为是慢性胃炎和溃疡病的罪魁祸首之一。*Hp*感染后，通常伴有显著异常的消化性溃疡和胃炎。抗生素的广泛使用，甚至过度用于*Hp*感染治疗，导致*Hp*对各种抗生素产生抗性，治疗效果降低。一次试验中，将120例*Hp*感染者分为治疗组（*n*=60）、对照组1（*n*=30）和对照组2（*n*=30）。治疗组给予金线莲（20g鲜品，水煎煮，0.1g/mL，100mL）与质子泵抑制剂（奥美拉唑肠溶片20mg）；对照组1给予铋剂（150mg）和两种抗生素（克拉霉素250mg、甲硝唑400mg）；对照组2给予质子泵抑制剂（奥美拉唑肠溶片20mg）和两种抗生素（克拉霉素250mg、甲硝唑400mg）。每天2次，共7d。试验结果表明，治疗组*Hp*的消除率优于对照组1，与对照组相比，治疗组成本较低，副作用较小。

五、2型糖尿病

目前成人发病型糖尿病中2型糖尿病占糖尿病患者的90%以上。2型糖尿病患者未完全丧失产生胰岛素的能力，有些患者甚至产生太多的胰岛素，但是胰岛素的作用很差。胰岛素相对缺乏的患者可以服用各种药物来刺激体内胰岛素的分泌，但最终可能需要使用胰岛素治疗。一些患者会出现胰岛素耐药现象，其中大多数是肥胖患者。在这种情况下，胰岛素敏感性降低，血清胰岛素增高以补偿胰岛素抵抗；然而，相对于患者的高血糖，胰岛素分泌仍然不足。该病早期症状并不明显，患者仅出现轻度疲劳和口渴，确诊之前会经常发生血管扩大和微血管并发症。其他胰岛素分泌缺陷的患者也需要外源胰岛素。金线莲复方胶囊治疗2型糖尿病能够显著改善2型糖尿病症状，降低血糖。

六、咳嗽变异性哮喘

咳嗽变异性哮喘也称为咳嗽性哮喘，是一种以慢性咳嗽为主要或唯一临床表现的特殊类型哮喘。全球哮喘防治倡议（GINA）认为咳嗽变异性哮喘是一种具有相同病理生理变化的哮喘形式。由于咳嗽是咳嗽性哮喘的唯一症状，临床表现缺乏特异性，导致误诊率高。该病常被误诊为急性/慢性支气管炎、慢性咽炎或其他疾病。据统计，50%～80%的咳嗽变异性哮喘儿童可能发展为典型哮喘，10%～33%的受影响成年人也是如此。一项研究中，在60名咳嗽变异性哮喘患儿中测试了金线莲复方药的疗效。治疗组口服含有金线莲、胡颓叶、买麻藤、地龙干等成分的金线莲复方药，对照组口服同剂量的中成药十味龙胆花。两组剂量均为每天1剂，治疗14d。临床资料显示，对照组总有效率为72.73%，治疗组总有效率高达91.67%。

七、高尿酸血症

高尿酸血症是血液中存在高尿酸水平的病症。高尿酸血症有两个主要原因：①摄入富含嘌呤的食物，②体内产生过量的氨基酸、磷酸、核糖或其他小分子以及高比例的核酸分解代谢。由于尿酸最近也被认为是心血管疾病的危险因素，因此高尿酸血症正在引起越来越多的关注。一项试验中，将69名老年患者随机分为两组。治疗组（36例）给予金线莲胶囊30d，对照组（33例）接受安慰剂。每次3粒，每天两次。治疗组总有效率（88.89%）明显高于对照组（27.24%）（$p<0.01$）。治疗组血清尿酸水平明显降低（$p<0.01$）。这些结果表明，金线莲胶囊对老年人的高尿酸血症具有显著的治疗作用，同时显示出高安全性和耐受性。金线莲胶囊通过改善微循环、新陈代谢和肾功能来促进尿酸排出，降低血液中的尿酸含量。

八、手足口病

手足口病是由20多种不同肠道病毒引起的传染病，其中最常见的是柯萨奇病毒A16型（CoxA16）和肠道病毒71型（EV71）。手足口病多发生于5岁以下儿童，表现疼痛、厌食和发烧，在手、脚、嘴和其他部位发生小疱疹或小溃疡，大多数患儿1周左右自发恢复，少数患儿可引起心肌炎、肺水肿、无菌性脑膜炎或其他并发症。在危重患儿中，这些并发症可能发展迅速，最终致命，目前缺乏有效的治疗药物。一项研究中，将65例患儿随机分为治疗组（33例）和对照组（32例）。所有患儿及时隔离并提供营养支持，维持内环境稳定，并给予基础治疗。除了基础治疗外，治疗组给予金线莲喷雾（每天3～4次），而对照组用重组人干扰素α2b喷雾（每天3～4次）进行治疗。将两种喷雾剂局部用药（喷于口腔）5d。根据结果，治疗组口腔疼痛和口腔疱疹消退的时间显著少于对照组，说明金线莲对手足口病的治疗效果较好。

白血病患者在化疗期间，口腔溃疡是常见的不良反应。在临床环境中，这些口腔溃疡不仅引起明显的疼痛，还对正常饮食的能力有直接影响。为了测试金线莲对化疗引起的口腔溃疡的作用，将76例患者分为治疗组（$n=40$）和对照组（$n=36$）。治疗组给予金线莲喷雾，对照组给予中成药开喉剑喷雾。每天喷3次，每次10mL，持续7d。研究结果表明，治疗组与对照组相比，口腔溃疡明显减少，疼痛缓解更好（$p<0.05$），另外愈合程度好于对照组（$p<0.01$），临床疗效也是如此（$p<0.05$）。在治疗过程中，两组患儿均无明显不良反应。综上所述，在治疗由化疗引起的儿童期白血病的口腔溃疡上，金线莲喷雾剂比开喉剑喷雾剂更有效。金线莲的功效可能是增强免疫力和镇痛作用。

九、小儿抽动秽语综合征

小儿抽动秽语综合征是一种慢性神经精神障碍疾病。据统计，近年来该疾病流行率为0.1%～0.5%，并且呈上升趋势。小儿抽动秽语综合征的病因可能是中枢神经系统中多巴胺的增加。氟哌啶醇治疗具有一定的疗效，但由于锥体外系反应等副作用，不能用于长期治疗。在一项研究中，49名患有小儿抽动秽语综合征的儿童用金线莲口服溶液（每次1剂，每天2～3次）治疗1个月，总有效率为91.8%。金线莲的肝脏保护功能在其治疗该疾病过程中起关键作用。

十、毒性评估

在传统研究和现代研究中，金线莲的毒理学研究较缺乏。在传统的药物使用中，单剂量的金线莲通常不超过30g（鲜品）。另外，《中华本草》还记载了野生、人工栽培和组织培养的3种金线莲植物，在小鼠口服给药中的最大耐受量分别为每千克体重100g（生药）、85g（生药）、42.5g（生药）。

在许多地方，金线莲和台湾金线莲在传统医学中存在混合使用的情况。因此，金线莲的毒理学研究可以参考台湾金线莲的毒理学研究。台湾金线莲的毒理学研究表明，单剂量给予每千克体重0.5g甲醛水提取物（AFE）的大鼠，无死亡。对于BALB/Cdx鼠肝细胞，AFE中没有可检测到的有害成分。Ames试验和小鼠骨髓细胞微核试验结果表明AFE不是遗传毒性物质。此外，AFE的LD_{50}大于每千克体重10g。连续口服90d（每天每千克体重2.0g）AFE后，雄性大鼠体重减轻，出现轻微酮尿。在雌性大鼠中，中性粒细胞、钙和磷浓度以及血清中的乳酸脱氢酶活性均有所降低。同时，垂体重量、肾脏重量和肝脏重量均增加，但并没有实质的病理组织变化。从怀孕的第7天到怀孕的第28天，雌性大鼠以每天每千克体重2.0g的剂量喂养AFE，对雌性大鼠、胎儿和新生大鼠没有影响。建议长时间给予AFE，安全剂量应为每千克体重0.5g以下。但是，台湾金线莲中发现一种生物碱，即异亮石松碱，对实验动物具有强烈的镇痛作用，比吗啡强10～40倍。

《福建省食品安全地方标准 福建金线莲标准编制说明》中对金线莲进行了急性毒性试验、90d经口毒性试验、细菌回复突变试验、小鼠精原细胞染色体畸变试验、哺乳动物红细胞微核试验、致畸试验研究。急性毒性试验按照GB 15193.3—2014《食品安全国家标准 急性经口毒性试验》进行，采用最大限量试验，对灌胃后的实验动物进行观察，14d内未见任何中毒症状和中毒死亡；雌性动物的体重未见异常。观察结束，对受试动物进行大体解剖检查也未见异常变化，经试验证明，该样品实际无毒。90d经口毒性研究试验中，福建金线莲人体推荐剂量1.5g，其中人体重按照60kg计，进行剂量换算后，人摄入剂量为每千克体重25mg。90d经口毒性试验显示，未见受试样品对SD大鼠存在潜在的毒性效应，未见受试样品对SD大鼠存在明显的靶器官毒性；受试样品对SD大鼠90d经口毒性试验未观察到有害作用剂量（NOAEL）大于每千克体重45g（致死剂量），大于人的推荐摄入量100倍。致突变试验显示，细菌回复突变试验、小鼠精原细胞染色体畸变试验和哺乳动物红细胞微核试验结果均呈阴性。

金线莲在中国具有悠久的药用历史。然而，金线莲和台湾金线莲常常混淆。由于植物资源的地理分布，中国大陆通常使用的是金线莲，而台湾主要使用台湾金线莲，其全草既可以作为滋补品，也具有悠久的药用历史。台湾金线莲传统药用疗法是治疗高血压、肺部疾病和肾炎。金线莲主要用于治疗肺热咳嗽、结核性咯血、尿血、肾炎水肿、毒蛇咬伤、糖尿病、急慢性肝炎、风湿性关节炎、癌症等症。另外，金线莲和台湾金线莲都能全面改善人体免疫系统，增强人体对疾病的抵抗力。研究表明，金线莲的主要化学成分是多糖、黄酮、糖苷和金线莲苷。台湾金线莲活性成分与金线莲相似，但成分含量不同。金线莲具有多种药理作用，如抗糖尿病、肝保护、肾保护和免疫调节。由于其疗效好，副作用低，具有很大的医学潜力。实际上，金线莲的各种剂型已逐渐应用于高尿酸血症、2型糖尿病和慢性乙型肝炎等临床治疗。然而，尚未通过药代动力学建模方法来阐明金线莲活性物质的吸收、分布、代谢和排泄途径。

第三章 / 金线莲种质资源评价

金线莲的种质资源是金线莲生产的源头，种质的优劣对其产量和质量有决定性的作用。开展金线莲种质资源评价研究，不仅对其本身及同属药用植物的资源保护和开发利用具有重要意义，更有利于发掘和利用金线莲的优良遗传性状，促进金线莲品种选育与改良。

第一节　金线莲形态特征与遗传多样性

一、金线莲植株基本性状

金线莲有多个不同的性状，某些性状有着不同的类型。本节将分别进行介绍。

1.植株姿态

直立　　　　　　　半直立　　　　　　　匍匐

2.主茎长度

主茎长度

3.茎的花青苷显色程度

弱　　　　　　　　中　　　　　　　　强

4.叶片总体形状

三角形　　　　　　卵圆形　　　　　　椭圆形

5.叶片先端角度

锐角　　　　　　　直角　　　　　　　钝角

6.叶片边缘波状程度

弱　　　　　　　　中　　　　　　　　强

7.叶片下表面花青苷显色

无或极弱　　　　　　　　弱　　　　　　　　　强

8.叶片叶脉颜色强度

无或极弱　　　　　　　　弱　　　　　　　　　强

9.叶片上表面叶脉颜色

绿色　　　　　　　　红色　　　　　　　金红色

二、金线莲形态特征比较

药用植物产量与植株形态特征、生理代谢活性有密切关系。通过收集我国各地共13份金线莲种质（表3-1），建立种质资源圃，利用田间试验，对各种质9个形态学性状进行遗传变异、相关分析、通径分析及主成分分析，深入了解金线莲种质各性状的遗传改良潜力及其与植物鲜重间的相关性，为金线莲规范化种植及育种提供理论依据。

表3-1 金线莲种质

材料编号	种 源	经度（东经）	纬度（北纬）
1	浙江临安	119°72′	30°23′
2	浙江庆元	119°12′	27°45′
3	浙江文成	120°08′	27°51′
4	浙江天台	121°02′	29°09′
5	福建永安	117°10′	25°44′
6	福建武平	116°02′	25°12′
7	福建明溪	117°11′	26°22′
8	福建南靖	117°13′	24°36′
9	江西安远	115°11′	25°03′
10	江西宜丰	114°47′	28°24′
11	贵州雷山	108°10′	26°14′
12	贵州印江	108°25′	28°01′
13	广西北流	110°20′	22°43′

（一）形态学性状变异

金线莲各形态学性状的变异从大到小依次为叶片鲜重＞植株鲜重＞植株叶面积＞株高＞茎粗＞叶长＞叶片数＞叶宽＞高径比（表3-2）。其中，变异最大的性状为叶片鲜重，平均值为1.35g，RSD（相对标准偏差）为12.59%；其次为植株鲜重，平均值为2.97g，RSD为12.12%；而高径比RSD最小，仅2.96%。说明在进化过程中，自然环境因素与人为定向选择对金线莲植株的生长发育产生了较大影响。叶片鲜重、植株鲜重、植株叶面积和株高的变异系数较大（RSD＞10%），表明这些性状具有较大的遗传改良潜力。

表3-2　金线莲形态学性状变异

性状	最大值	最小值	平均值	极差	标准差	RSD（%）
X_1	14.84	10.44	12.42	4.40	1.34	10.79
X_2	4.18	3.17	3.66	1.01	0.32	8.74
X_3	3.52	2.81	3.20	0.71	0.25	7.81
X_4	2.53	2.12	2.34	0.41	0.14	5.98
X_5	6.75	4.90	5.61	1.85	0.65	11.59
X_6	1.58	1.10	1.35	0.48	0.17	12.59
X_7	6.30	5.20	5.61	1.10	0.42	7.49
X_8	3.55	3.26	3.38	0.29	0.10	2.96
Y	3.52	2.44	2.97	1.08	0.36	12.12

注：X_1为株高（cm），X_2为茎粗（mm），X_3为叶长（cm），X_4为叶宽（cm），X_5为植株叶面积（cm^2），X_6为叶片鲜重（g），X_7为叶片数，X_8为高径比，Y为植株鲜重（g）。下同。

（二）形态学性状与产量的多重分析

表3-3表明，金线莲的植株鲜重与茎粗、株高和叶片数呈极显著正相关（0.991、0.967、0.874），与叶片鲜重呈显著正相关（0.730），与叶长、叶宽、植株叶面积和高径比相关性未达显著水平。表明植株高大、茎秆粗壮、叶片数多是高产金线莲品种的特征。但由于各形态学性状间也存在着一定的相关关系，因此，仅根据各性状与植株鲜重的相关系数，判定其对产量形成的贡献，可能会掩盖各性状之间的相互影响，不能从本质上揭示其内部的规律性。

表3-3　金线莲形态学性状的相关系数

性状	X_1	X_2	X_3	X_4	X_5	X_6	X_7	X_8	Y
X_1	1								
X_2	0.985**	1							
X_3	0.510	0.531	1						
X_4	−0.019	−0.024	0.486	1					
X_5	0.424	0.459	0.953**	0.673*	1				
X_6	0.653	0.694*	0.907**	0.401	0.900**	1			

（续）

性状	X_1	X_2	X_3	X_4	X_5	X_6	X_7	X_8	Y
X_7	0.751*	0.810**	0.734*	0.326	0.705*	0.848**	1		
X_8	0.673*	0.551	0.220	−0.208	0.037	0.230	0.256	1	
Y	0.967**	0.991**	0.568	0.020	0.495	0.730*	0.874**	0.520	1

注：**表示差异极显著（$p<0.01$），*表示差异显著（$p<0.05$）。全书同。

由于各金线莲种源间形态学性状存在较复杂的相关关系，故对其做进一步通径分析，将相关系数分为直接作用和间接作用两部分。作为产量选择的最佳指标标准是此性状既正向直接作用产量性状，又与产量性状表现显著正相关。由表3-4可以看出，株高、植株叶面积、叶片鲜重、叶片数的直接作用为正向，其值大小顺序为株高＞叶片数＞叶片鲜重＞植株叶面积；茎粗、叶长、叶宽、高径比的直接作用为负向，其绝对值大小顺序为茎粗＞高径比＞叶宽＞叶长。株高对植株鲜重有最大的正向直接作用，且株高与植株鲜重间存在极显著正相关，并通过叶片鲜重和叶片数对植株鲜重有不同程度的间接作用。表明选择长得高的植株能显著提高金线莲植株鲜重。叶片鲜重和叶片数也有较大的正向直接作用，且与植株鲜重间存在显著正相关，表明叶片鲜重和叶片数可作为高产金线莲的较好间接选择指标。通径分析得出决定系数为0.999 0，剩余通径系数为0.031 3，表明本试验所选的8个形态学性状对植株鲜重影响较大。

表3-4　形态学性状对植株鲜重的通径分析

性状	直接作用	间接作用							
		$\to X_1$	$\to X_2$	$\to X_3$	$\to X_4$	$\to X_5$	$\to X_6$	$\to X_7$	$\to X_8$
X_1	1.126 1		−0.359 4	−0.038 0	0.002 7	0.023 2	0.163 3	0.321 2	−0.109 1
X_2	−0.364 8	1.109 2		−0.039 6	0.003 4	0.025 2	0.173 4	0.346 6	−0.089 2
X_3	−0.074 5	0.574 2	−0.193 8		−0.068 7	0.052 2	0.226 9	0.314 2	−0.035 6
X_4	−0.141 4	−0.021 5	0.008 7	−0.036 2		0.036 9	0.100 3	0.139 4	0.033 8
X_5	0.054 8	0.477 8	−0.167 5	−0.071 0	−0.095 2		0.225 1	0.301 7	−0.005 9
X_6	0.250 1	−0.419 3	0.091 0	0.246 2	0.104 3	−0.541 9		0.132 4	0.193 8
X_7	0.427 9	0.845 2	−0.295 5	−0.054 7	−0.046 0	0.038 6	0.021 6		−0.041 5
X_8	−0.162 1	0.758 0	−0.200 9	−0.016 4	0.029 5	0.002 0	0.321 2	0.109 6	

　　金线莲形态学性状主成分分析见表3-5，在所有主成分构成中，信息主要集中在前2个主成分，其累积贡献率达86.743%。其中第1主成分贡献率为63.542%，第2主成分贡献率为23.201%。从表3-5可看出，在第1主成分的特征向量中，特征向量值较高且为正的性状有株高、茎粗、叶长、叶片鲜重、叶片数及植株鲜重。说明植株长势旺盛、枝繁叶茂是高产型金线莲的主要特征，因此将其命名为"高产型形态决定因子"。在第2主成分的特征向量中，特征向量值较高且为正的性状有叶长、叶宽及植株叶面积。该主成分主要为叶部因子对植株鲜重的影响，因此可命名为"产量的叶部决定因子"。

表3-5　金线莲形态学性状的主成分分析

性状	主成分	
	1	2
X_1	0.872	− 0.453
X_2	0.890	− 0.401
X_3	0.838	0.409
X_4	0.317	0.790
X_5	0.792	0.582
X_6	0.920	0.268
X_7	0.921	0.060
X_8	0.455	− 0.628
Y	0.914	− 0.348
特征值	5.719	2.088
贡献率（%）	63.542	23.201
累积贡献率（%）	63.542	86.743

　　本研究供试金线莲种源地理分布较广，测定的9个形态学性状存在较大差异，变异系数为2.96%~12.59%，其中叶片鲜重、植株鲜重、植株叶面积和株高的变异系数均达到10%以上。相关性研究表明植株鲜重与茎粗、株高和叶片数呈极显著正相关，与叶片鲜重呈显著正相关。但由于各形态学性状间也存在显著相关关系，仅通过简单相关分析无法准确判断变量因子与植株鲜重之间的真实关系，由此引入了通径分析。结果表明，株高对植株鲜重具有最大的

正向直接作用，并通过叶片鲜重和叶片数对植株鲜重有不同程度的间接作用。通过主成分分析，可将金线莲形态学性状分为"高产型形态决定因子"和"产量的叶部决定因子"，这两个决定因子从不同角度反映了金线莲产量形成与不同形态学性状之间的关系。因此，在进行金线莲高产种质创新时，应将株高、叶片鲜重和叶片数作为首要选择指标，然后再对其他性状进行选择，以增强种质改良的目的性。

三、金线莲种质资源遗传多样性

金线莲对生长环境要求严格，且野生资源被过度采摘，导致金线莲已濒临灭绝，因此有必要开展金线莲种质资源的保护工作。种质资源收集和遗传多样性评估是金线莲种质资源保护的基础研究工作。分子标记可以在DNA水平上揭示植物的遗传变异，是一种稳定可靠的遗传分析方法。简单重复间序列（inter-simple sequence repeat，ISSR）和相关序列扩增多态性（sequence-related amplified polymorphism，SRAP）主要针对非特异性序列进行扩增，对于基因组序列信息匮乏的物种较为有效。目前，分别利用ISSR、SRAP等单一分子标记对金线莲遗传多样性的评价研究取得了一定的进展，但单一的分子标记技术经常受到扩增区域限制、引物扩增能力差异、模糊显性标记主观计入等因素影响，不能完全评价生物遗传多样性，而综合运用多种分子标记，能最大程度优化聚类分析结果。采用ISSR与SRAP相结合的方法对浙江与福建等地引种、杂交与野生的金线莲样品（表3-6，浙江10份，福建33份，台湾3份，云南1份，江西1份）进行研究，揭示金线莲个体间与种源间的遗传分化，为金线莲种质资源的保护和利用提供参考。

表3-6　48份金线莲新鲜叶片供试样品信息

编号	样品	来源地	编号	样品	来源地
1	健君1号1	浙江温州	6	戴云山野生种	福建泉州
2	健君2号	浙江温州	7	福建永春黄带种	福建泉州
3	金康1号	浙江金华	8	台湾金线莲1	台湾高雄
4	大圆叶	福建厦门	9	台湾金线莲2	台湾高雄
5	健君1号原种	浙江温州	10	无纹（G）	福建三明

（续）

编号	样品	来源地	编号	样品	来源地
11	福建金线莲	福建福州	30	福建本地银线莲	福建厦门
12	大叶（H）	福建三明	31	福建小圆叶	福建厦门
13	野生种子繁育种	福建三明	32	金华本地种	浙江金华
14	林下尖叶（台州）	浙江台州	33	福建网纹种	福建厦门
15	林下沙畈本地无纹	浙江金华	34	福建无网纹种	福建厦门
16	野生金线莲	江西萍乡	35	大福星	福建厦门
17	尖叶自交辐射选育种	福建福州	36	大圆宝	福建厦门
18	红霞变异种	福建厦门	37	红霞	福建厦门
19	小叶金线莲	福建福州	38	健君1号2	浙江温州
20	温州文成野生种	浙江温州	39	尖叶金线莲2	福建三明
21	尖叶金线莲1	福建泉州	40	庆元无网纹	浙江庆元
22	大叶金线莲1	福建三明	41	福建金草繁育种	福建厦门
23	云南金线莲	云南昆明	42	小圆叶	福建三明
24	野生无纹	福建厦门	43	银圆宝	台湾高雄
25	尖叶红秆种	福建福州	44	尖叶自交选种	福建福州
26	尖叶变异筛选种1	福建福州	45	尖叶杂交种	福建福州
27	尖叶变异筛选种2	福建福州	46	大叶红霞	福建三明
28	大叶金线莲2	福建三明	47	尖叶变异筛选种3	福建福州
29	野生种子繁育种	福建三明	48	无纹金线莲	福建三明

（一）引物筛选及扩增多态性

1. ISSR引物的筛选及其扩增多态性　经过2次筛选，共获得11条条带较为清楚的引物（表3-7）。11条引物共扩增出86条条带，其中多态性条带有84条，P_{PB}平均值为97.67%，平均扩增条带数为7.82条，平均多态性条带数为7.64条。扩增条带数最多的引物是UBC880（13条），其次是UBC861（12条），扩增条带数最少的是UBC810（4条）。P_{PB}为83.33%～100%，其中，UBC807、UBC810、UBC826、UBC834、UBC841、UBC842、UBC865、UBC868和UBC861的P_{PB}为100%，均表现出极高的多态性，占总引物的81.82%；UBC856的P_{PB}最低，为83.33%。

表3-7 ISSR引物信息及扩增结果

编号	ISSR引物	序列（5′→3′）	扩增条带数（条）	多态性条带数（条）	P_{PB}（%）
1	UBC807	$(AG)_8T$	6	6	100
2	UBC810	$(GA)_8T$	4	4	100
3	UBC826	$(AC)_8C$	6	6	100
4	UBC834	$(AG)_8YT$	8	8	100
5	UBC841	$(GA)_8YC$	10	10	100
6	UBC842	$(GA)_8YG$	8	8	100
7	UBC856	$(AC)_8YA$	6	5	83.33
8	UBC865	$(CCG)_6$	6	6	100
9	UBC868	$(GAA)_6$	7	7	100
10	UBC880	$(GGAGA)_3$	13	12	92.30
11	UBC861	$(ACC)_6$	12	12	100
	平均		7.82	7.64	97.67
	合计		86	84	

注：Y=C/T；P_{PB}为多态位点百分率。

2. SRAP 引物的筛选及其扩增多态性 经过2次筛选，共获得11对条带较为清楚的引物组合（表3-8）。11对引物共扩增出88条条带，其中多态性条带为86条，P_{PB}平均值为97.73%，平均扩增条带数为8条，平均多态性条带数为7.82条。扩增条带数最多的引物组合是Me11-Em4（12条）；其次是组合Me4-Em13、Me2-Em14和Me13-Em10，扩增出9条条带；扩增条带数最少的是Me13-Em16组合，只扩增出6条条带。PPB为88.89%～100%，其中，Me11-Em4、Me8-Em7、Me13-Em7、Me13-Em16、Me4-Em14、Me5-Em11、Me13-Em10、Me14-Em14和Me3-Em2组合的P_{PB}为100%，均表现出极高的多态性，占总引物的81.82%；Me4-Em13和Me2-Em14组合的P_{PB}最低，均为88.89%。

表3-8 SRAP 引物信息及扩增结果

编号	SRAP引物	正向引物（5′→3′）	反向引物（5′→3′）	扩增条带数（条）	多态性条带数（条）	P_{PB}（%）
1	Me11-Em4	BACG	DTGA	12	12	100
2	Me8-Em7	BTGC	DCAA	7	7	100

（续）

编号	SRAP 引物	正向引物 (5′→3′)	反向引物 (5′→3′)	扩增条带数 （条）	多态性条带数 （条）	P_{PB} （%）
3	Me13-Em7	BAAC	DCAA	8	8	100
4	Me4-Em13	BACC	DCTA	9	8	88.89
5	Me13-Em16	BAAC	DGAT	6	6	100
6	Me2-Em14	BAGC	DCTC	9	8	88.89
7	Me4-Em14	BACC	DCTC	7	7	100
8	Me5-Em11	BAAG	DCAC	7	7	100
9	Me13-Em10	BAAC	DCAG	9	9	100
10	Me14-Em14	BTCC	DCTC	7	7	100
11	Me3-Em2	BAAT	DTGC	7	7	100
	平均			8	7.82	97.73
	合计			88	86	

注：B = TGAGTCCAAACCGG，D = GACTGCGTACGAATT；P_{PB} 为多态位点百分率。

（二）遗传一致度和遗传距离分析

研究发现，ISSR 研究中遗传一致度为 0.476 7 ～ 0.907 0，遗传距离为 0.097 6 ～ 0.740 8。其中，遗传一致度最高的 1 号与 2 号、3 号与 17 号、14 号与 17 号，均为 0.907 0，它们的遗传距离最小，均为 0.097 6，说明其亲缘关系较近；遗传一致度最低的是 7 号与 22 号，为 0.476 7，其遗传距离最大，为 0.740 8，说明其亲缘关系较远。在 SRAP 研究中遗传一致度为 0.465 9 ～ 0.954 5，遗传距离为 0.046 5 ～ 0.763 8。其中，遗传距离最小的是 36 号与 37 号，遗传距离最大的是 10 号与 39 号。综合 ISSR 和 SRAP 的数据后，遗传一致度为 0.511 5 ～ 0.879 3，遗传距离为 0.128 6 ～ 0.670 4。其中，遗传距离最小的是 34 号与 37 号，遗传距离最大的是 10 号与 39 号。

将 48 份样品按照产地来源分为 5 个群体（浙江、福建、台湾、江西和云南），利用 POPGENE32 软件对其遗传一致度和遗传距离进行计算（表 3-9）。使用 OmicStudio 工具对 ISSR + SRAP 的标记结果进行 PCoA 分析（图 3-1），结果表明浙江省与福建省金线莲种质混杂。

表3-9 金线莲群体间的遗传一致度与遗传距离

分子标记	产地	浙江	福建	台湾	江西	云南
ISSR	浙江		0.957 7	0.884 2	0.841 6	0.728 5
	福建	0.043 3		0.891 6	0.779 2	0.733 6
	台湾	0.123 1	0.114 8		0.731 0	0.655 2
	江西	0.172 4	0.249 5	0.313 3		0.581 4
	云南	0.316 8	0.309 8	0.422 8	0.542 3	
SRAP	浙江		0.985 3	0.948 0	0.796 0	0.835 1
	福建	0.014 8		0.953 1	0.788 0	0.823 3
	台湾	0.053 4	0.048 0		0.779 6	0.797 8
	江西	0.228 2	0.238 3	0.249 0		0.625 0
	云南	0.180 2	0.194 5	0.225 9	0.470 0	
ISSR + SRAP	浙江		0.971 2	0.916 0	0.818 7	0.781 8
	福建	0.029 2		0.922 9	0.783 5	0.779 8
	台湾	0.087 8	0.080 2		0.755 5	0.727 0
	江西	0.200 0	0.243 9	0.280 4		0.603 4
	云南	0.246 2	0.248 7	0.318 8	0.505 1	

注：对角线上方为Nei's遗传一致度，对角线下方为Nei's遗传距离。

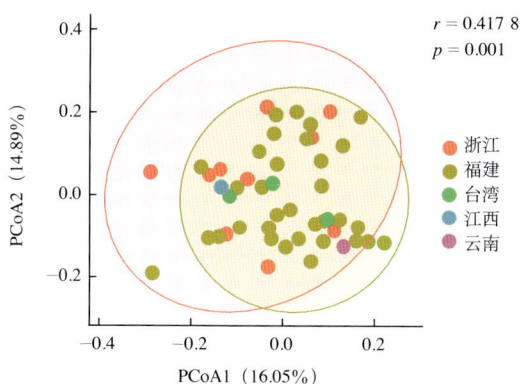

图3-1 综合ISSR和SRAP标记数据的PCoA分析

（三）遗传多样性分析

分析浙江与福建种源的样品，结果如表3-10所示。ISSR分析显示，43

份资源（浙江和福建）在物种水平上，N_a 为 1.965 1，N_e 为 1.440 3，H 为 0.272 7，I 为 0.424 7，P_{PB} 为 96.51%；在群体水平上，N_a 为 1.709 3 ~ 1.930 2，N_e 为 1.340 9 ~ 1.432 5，H 为 0.207 5 ~ 0.266 8，I 为 0.320 7 ~ 0.414 7，P_{PB} 为 70.93% ~ 93.02%，相对于物种水平而言，群体间的遗传多样性水平较低。SRAP 结果与 ISSR 结果相似。结合 ISSR 与 SRAP 的数据分析：43 份资源在物种水平上，N_a 为 1.971 3，N_e 为 1.379 7，H 为 0.242 9，I 为 0.387 3，P_{PB} 为 97.13%；在群体水平上，N_a 为 1.781 6 ~ 1.942 5，平均值为 1.862 1；N_e 为 1.357 8 ~ 1.360 7，平均值为 1.359 3；H 为 0.223 9 ~ 0.228 8，平均值为 0.226 4；I 为 0.348 8 ~ 0.366 4，平均值为 0.357 6；P_{PB} 为 78.16% ~ 94.25%，平均值为 86.21%，也是群体间的遗传多样性水平更低。从 ISSR、SRAP 及综合研究结果来看，N_a、N_e、H、I 及 P_{PB} 的值基本是福建省大于浙江省，说明福建省的金线莲种群遗传多样性更高。

表3-10　金线莲遗传多样性参数

分子标记	产地	等位基因数（N_a）	有效等位基因数（N_e）	Nei's基因多样性指数（H）	Shannon's多态性信息指数（I）	多态位点百分率（P_{PB},%）
ISSR	浙江	1.709 3	1.340 9	0.207 5	0.320 7	70.93
	福建	1.930 2	1.432 5	0.266 8	0.414 7	93.02
	群体水平	1.819 8	1.386 7	0.237 2	0.367 7	81.98
	物种水平	1.965 1	1.440 3	0.272 7	0.424 7	96.51
SRAP	浙江	1.852 3	1.380 0	0.239 9	0.376 3	85.23
	福建	1.954 5	1.284 8	0.191 6	0.319 1	95.45
	群体水平	1.903 4	1.332 4	0.215 8	0.347 7	90.34
	物种水平	1.977 3	1.320 6	0.213 8	0.350 8	97.73
ISSR + SRAP	浙江	1.781 6	1.360 7	0.223 9	0.348 8	78.16
	福建	1.942 5	1.357 8	0.228 8	0.366 4	94.25
	群体水平	1.862 1	1.359 3	0.226 4	0.357 6	86.21
	物种水平	1.971 3	1.379 7	0.242 9	0.387 3	97.13

（四）UPGMA 聚类分析

1. 基于ISSR标记的聚类分析　由图3-2可见，48份金线莲样品的遗传相似系数为 0.62 ~ 0.91，变幅为 0.29。在遗传相似系数 0.67 处，48 份金线莲样品

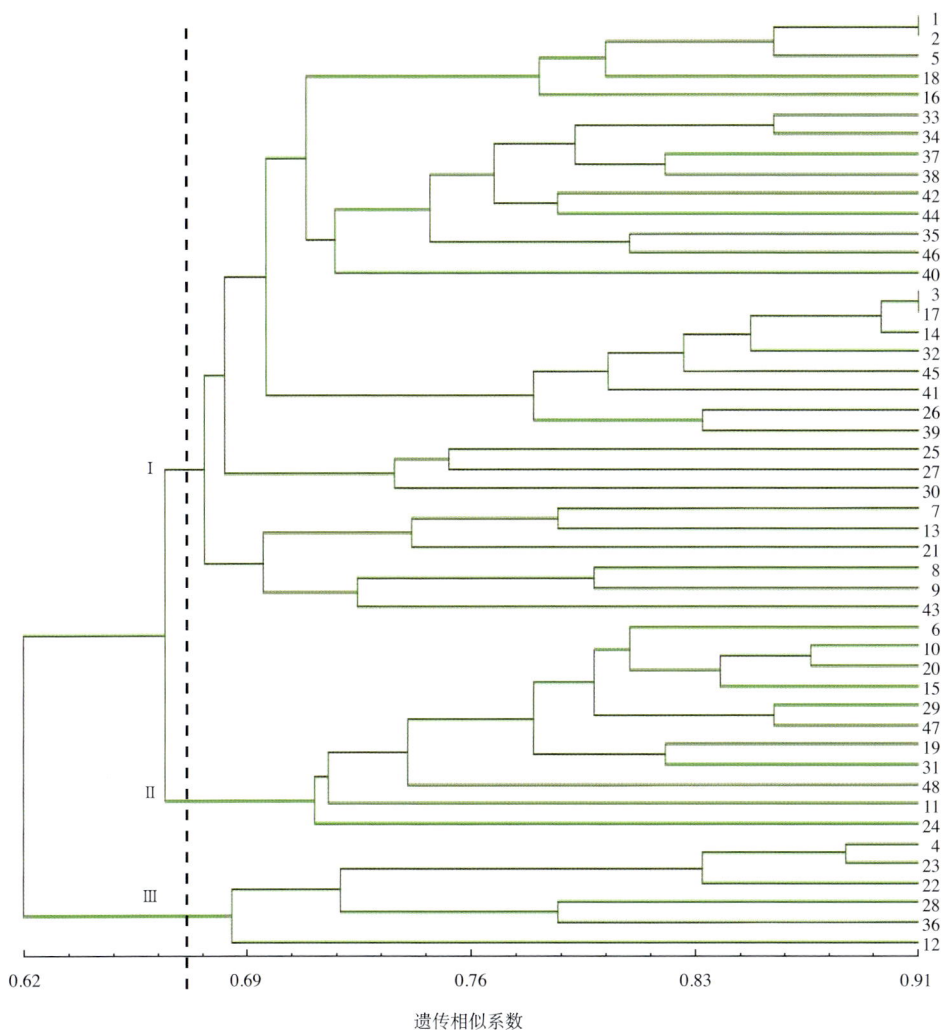

图3-2 ISSR标记的UPGMA树状图

被划分为3类：在Ⅰ类中地理位置相同的主要有浙江温州的1、2、5、38号以及福建福州的17、25、26、27、44、45号，两地间亲缘关系相对较近；而Ⅱ类与Ⅲ类中样品的来源组成均较为分散，无明显特征。

2. 基于SRAP标记的聚类分析 图3-3显示，48份金线莲样品的遗传相似系数为0.62～0.95，变幅为0.33。在遗传相似系数0.65处，48份金线莲样品被划分为2类，Ⅰ类中1、5、38号均来自浙江温州，且品种相似，故聚为一类；而在Ⅱ类中，各个品种难以明显划分出小类，这也是各地种质资源较为混乱所带来的结果。与ISSR标记相比，SRAP标记更难划分类别。

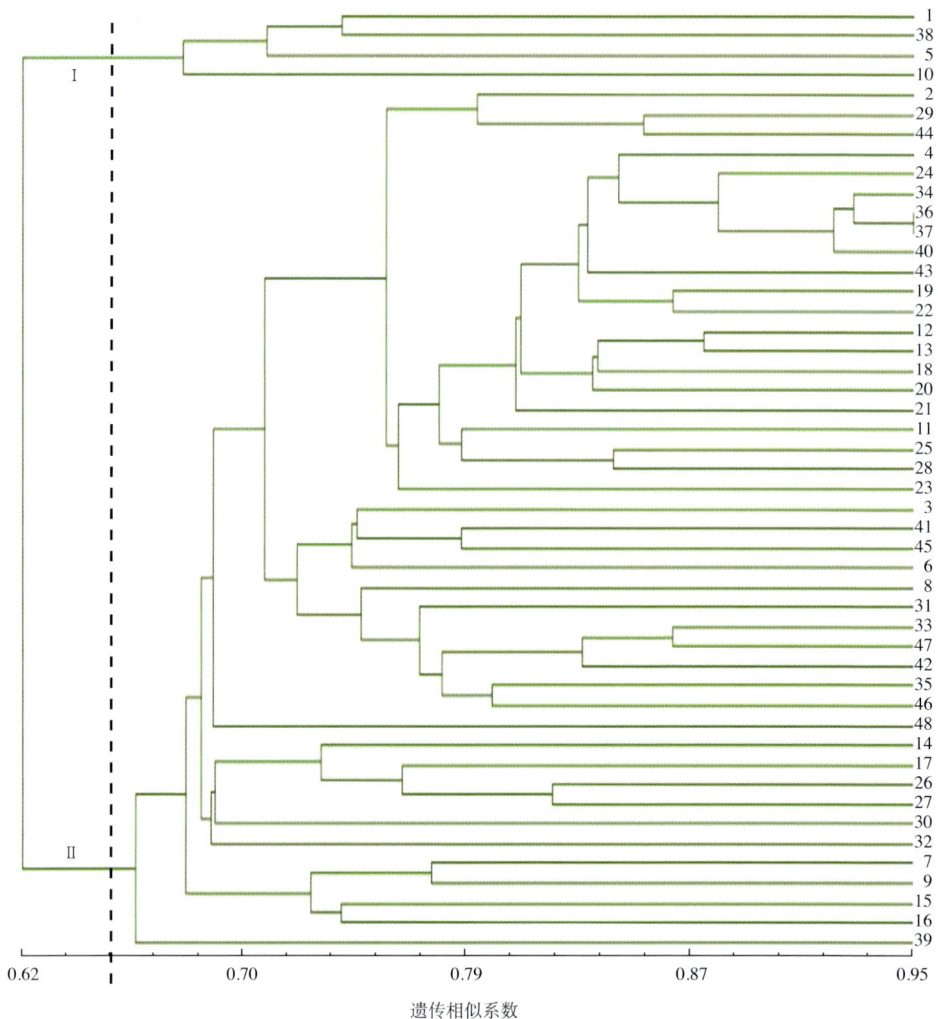

图3-3　SRAP标记的UPGMA树状图

　　3. 基于ISSR + SRAP标记的聚类分析　图3-4显示，48份金线莲样品的遗传相似系数为0.64～0.88，变幅为0.24。在遗传相似系数0.68处，48份金线莲样品被划分为4类，Ⅰ类中地理位置相同的主要有浙江温州的1、2、5、38号以及台湾高雄的8、9号，两地间品种可能相互引种；Ⅱ类中主要为来自福建福州的样品，包括17、25、26、27、44、45号；Ⅲ类中地理位置相同的主要有福建厦门的4、18、24、31、33、34、36、37号以及福建三明的12、13、22、28、29、48号，两地间品种互引的可能性较大。两种分子标记结合的方法更易体现样品间亲缘关系、划分类别，更清楚地体现地理位置对亲缘关系的影响。

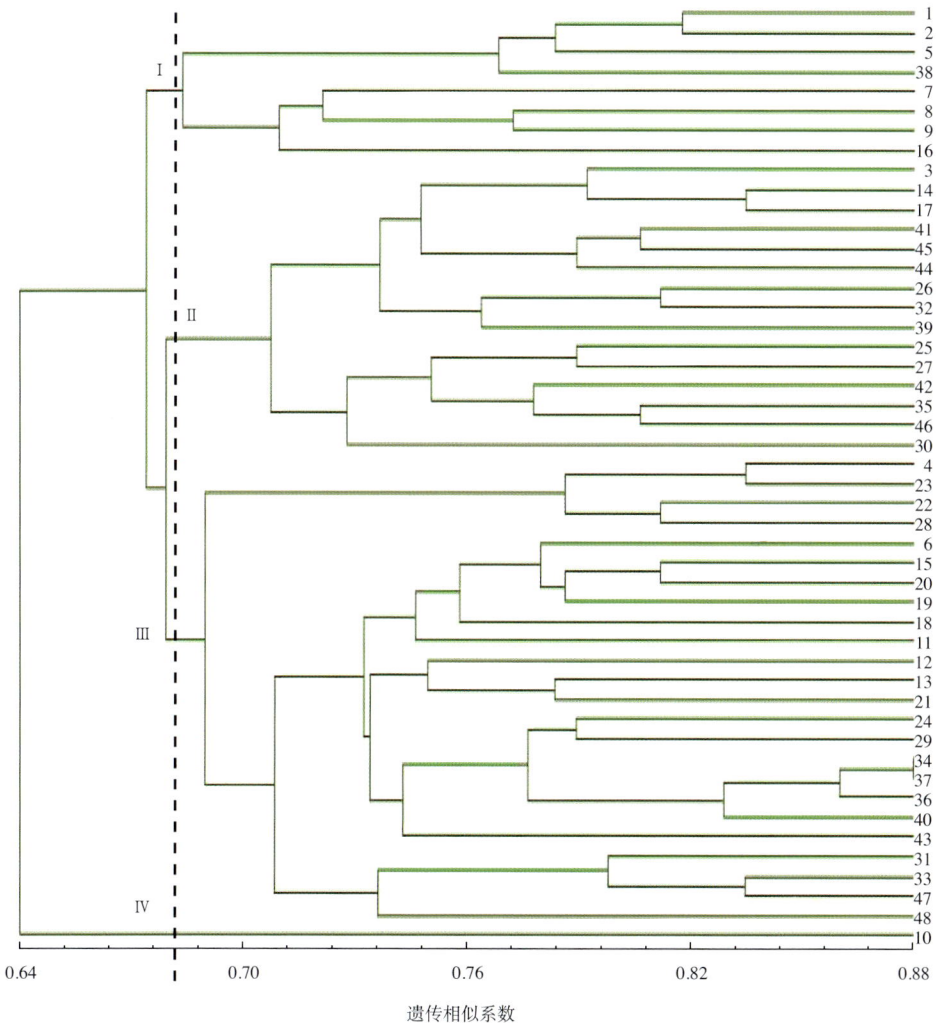

图3-4　ISSR + SRAP标记的UPGMA树状图

　　本研究利用ISSR与SRAP对48份不同来源的金线莲样品进行遗传特性分析，共筛选获得11条ISSR引物，扩增86条条带，其中多态性条带84条，P_{PB}为97.67%；筛选出的11对SRAP引物共扩增出88条条带，多态性条带86条，P_{PB}为97.73%。说明供试金线莲样品具有丰富的遗传多样性，且单独使用ISSR或SRAP的UPGMA聚类结果中，均出现各地间种源相互混杂的状况，并未严格按照地理距离的差异进行归类，而两种分子标记结合的聚类结果中，金线莲种质资源的聚类与不同地理位置分布的情况有比较高的一致度，表现出了一定的地域性分布规律，说明两种分子标记方法结合相较于单一的分子标记方法能更准确地体现不同地区金线莲的差异性。由于两种分子标记所检测的基因座位以及所用的引物等因素存在差异，故两者得到的遗传距离不同，其聚类图也存在差异，且每种分子标记方法均有其优势与不足，结合多种标记技术则能更全面、准确地揭示种质资源遗传特性。因此，本研究结合ISSR与SRAP能更准确地揭示金线莲种质资源的遗传多样性和亲缘关系，为金线莲良种培育以及野生金线莲资源保护等提供了帮助。

基于ISSR与SRAP分子标记对金线莲样品的遗传一致度与遗传距离分析发现：遗传距离最小的是34号（福建厦门的福建无网纹种）与37号（福建厦门的红霞），其亲缘关系较近；遗传距离最大的是10号［福建三明的无纹（G）］与39号（福建三明的尖叶金线莲），其亲缘关系较远。从遗传多样性分析结果来看，来自福建的金线莲遗传多样性更高，同时结合金线莲群体间的遗传一致度与遗传距离结果以及PCoA分析，可以看出各地间金线莲种质资源混杂程度高，其中包含了大量的野生种、半野生种和人工驯化的栽培种，这种复杂性导致不同种源间的差异性明显，金线莲种质资源的遗传多样性增加。

第二节　金线莲活性成分评价

一、不同器官及萃取层活性成分差异性评价

金线莲中含有多种化学成分，主要包括黄酮、多酚、多糖、挥发油、生物碱等，经研究发现，黄酮、多酚类化合物具有很强的清除自由基作用，可以改善机体因自由基氧化造成的损伤，另外作为抗氧化剂，也可以用于防止食品的损坏、褐变及褪色等。但是关于黄酮和多酚在金线莲不同器官中的分布规律尚无系统研究，且其含量与抗氧化活性的相关性也未曾报道过。

近年来，国内许多食品问题事件的曝光使人们对抗氧化剂产生怀疑甚至是排斥，因此从天然植物中获取绿色、安全、高效的抗氧化剂成为人们研究的热点。目前对金线莲中的黄酮和多酚类物质只进行了提取优化、含量差异比较及分离鉴定等研究。关璟等（2008）报道过金线莲黄酮的提取工艺，用正交试验法设计得到回流提取的最佳工艺条件；肖开前等（2014）依据改变光质、光

照时间以及诱导期调控黄酮、槲皮素等化学成分来优化培养金线莲；吴江等（2015）考察了大棚和仿野生两种栽培方式对金线莲产量及总黄酮、总多酚、多糖等有效成分的影响；李丹丹等（2013）采用微波萃取法比较了台湾和福建两个不同来源的金线莲黄酮含量。

（一）黄酮、多酚含量的比较

金线莲不同器官及萃取层的黄酮和多酚含量存在一定差异性。由表3-11可知，金线莲叶中的黄酮和多酚含量最高，根状茎及根中的含量最少，其中叶总萃取物中的黄酮含量为根状茎及根的1.5倍，多酚含量为根状茎及根的2倍。全草中的黄酮和多酚含量比叶中的含量低，但是比茎和根状茎及根中的含量高。同一器官不同萃取层的黄酮含量为乙酸乙酯层（EAE）＞石油醚层（PEE）＞正丁醇层（NBE）＞水层（WE），而石油醚层和乙酸乙酯层的黄酮含量比多酚含量高，正丁醇层和水层的黄酮含量低于多酚含量。

表3-11　金线莲不同器官及萃取层黄酮、多酚含量比较

样品来源	萃取层	黄酮含量（mg/g）	多酚含量（mg/g）
根状茎及根	PEE	54.17±1.88	12.78±1.56
	EAE	67.97±2.04	36.98±3.28
	NBE	21.47±1.04	42.20±2.28
	WE	9.50±0.62	25.86±1.74
茎	PEE	57.38±1.62	13.38±1.22
	EAE	71.29±2.66	39.78±3.86
	NBE	20.88±2.16	44.53±2.96
	WE	10.46±0.90	28.07±2.42
叶	PEE	74.88±4.76	37.00±3.72
	EAE	93.82±4.12	72.37±8.64
	NBE	56.59±5.12	86.21±5.66
	WE	18.07±1.26	45.67±6.08
全草	PEE	64.33±3.22	23.99±2.08
	EAE	84.96±5.56	57.93±6.42
	NBE	37.68±3.34	73.13±5.66
	WE	13.43±1.64	36.94±3.58

（二）金线莲的抗氧化能力比较

1. 清除DPPH自由基的能力　金线莲乙醇提取物各萃取层对DPPH均有一定的清除作用，且表现出良好的剂量效应关系，随着质量浓度的增加而增强。从图3-5中可以看出，不同器官的同一萃取层中，叶提取物对DPPH的清除率明显高于其他器官。就正丁醇层（NBE）而言，1mg/mL叶的乙醇提取物的清除率为93.64%，而1mg/mL根状茎及根的乙醇提取物的清除率仅为69.78%。同一器官的乙醇提取物不同萃取层的抗氧化能力均随着浓度的增加有不同程度的上升，其中正丁醇层（NBE）上升最快，石油醚层（PEE）最慢，相同浓度下，其清除自由基能力大小为正丁醇层（NBE）>乙酸乙酯层（EAE）>水层（WE）>石油醚层（PEE）。

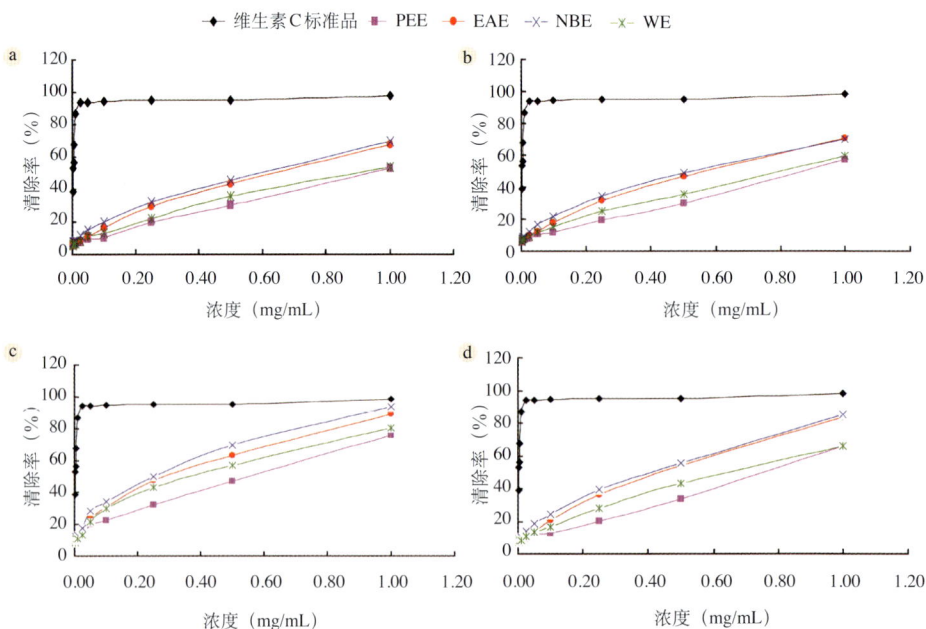

图3-5　不同器官及萃取层对DPPH自由基的清除效果
a.根状茎及根　b.茎　c.叶　d.全草

2. 清除ABTS⁺自由基的能力　金线莲乙醇提取物对 ABTS⁺ 有较强的清除作用，随着浓度的升高清除率逐渐增强。从图3-6可以看出，不同器官的同一萃取层中，叶提取物对ABTS⁺的清除率明显高于其他器官，在乙醇提取物浓度为1mg/mL时，其乙酸乙酯层（EAE）的清除率为97.84%，而1mg/mL根状

维生素C标准品 ── PEE ── EAE ── NBE ── WE

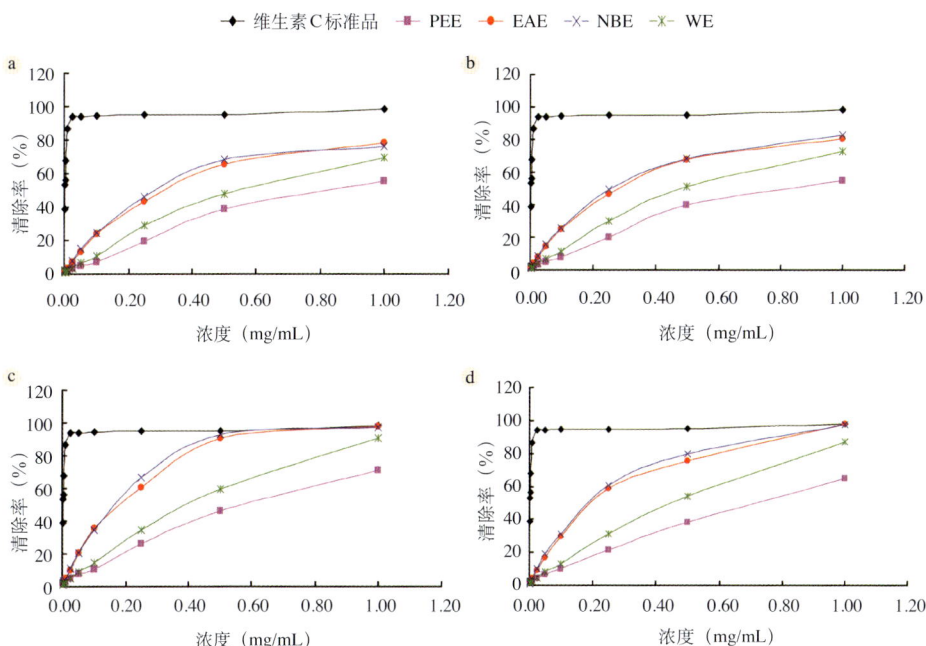

图3-6　不同器官及萃取层对ABTS$^+$自由基的清除效果
a.根状茎及根　b.茎　c.叶　d.全草

茎及根的乙醇提取物乙酸乙酯层（EAE）的清除率仅为78.56%。同一器官的乙醇提取物不同萃取层的抗氧化能力均因浓度升高而在不同程度上增强，其中乙酸乙酯层（EAE）和正丁醇层（NBE）的增强速度最快，且两者增强趋势相接近。在乙醇提取物浓度0.5mg/mL以下时，同一器官的乙醇提取物正丁醇层（NBE）对ABTS$^+$的清除能力强于乙酸乙酯层（EAE），当乙醇提取物浓度大于0.5mg/mL时，清除率大小不一致，但差异较小。其他萃取层在相同乙醇提取物浓度下，清除率大小为水层（WE）＞石油醚层（PEE）。

3. 抗氧化能力半衰期比较　IC_{50}值是自由基清除率为50%时抗氧化成分的浓度值，由Curve Expert 1.4计算得出各样品的IC_{50}值，结果如表3-12所示。IC_{50}值越低，其对应的抗氧化能力越强。同一器官的乙醇提取物不同萃取层的DPPH和ABTS$^+$的IC_{50}值变化规律一致，其大小为石油醚层（PEE）＞水层（WE）＞乙酸乙酯层（EAE）＞正丁醇层（NBE）；不同器官的乙醇提取物同一萃取层的DPPH和ABTS$^+$的IC_{50}值大小为叶＜全草＜茎＜根状茎及根。除了叶的乙醇提取物石油醚层（PEE）和水层（WE）的ABTS$^+$的IC_{50}值小于DPPH的IC_{50}值外，其他部位提取物的ABTS$^+$的IC_{50}值均比DPPH的IC_{50}值大。

表3-12　不同器官及萃取部位的 IC_{50} 值

样品来源	萃取层	DPPH的 IC_{50}（mg/mL）	ABTS$^+$的 IC_{50}（mg/mL）
根状茎及根	PEE	0.922 2	0.790 7
	EAE	0.577 3	0.313 9
	NBE	0.529 7	0.290 4
	WE	0.861 4	0.525 5
茎	PEE	0.863 8	0.779 1
	EAE	0.523 4	0.292 8
	NBE	0.475 9	0.282 5
	WE	0.764 1	0.487 8
叶	PEE	0.508 5	0.567 6
	EAE	0.300 8	0.198 5
	NBE	0.259 9	0.187 1
	WE	0.354 3	0.399 5
全草	PEE	0.760 7	0.697 0
	EAE	0.422 2	0.240 5
	NBE	0.389 9	0.223 9
	WE	0.612 0	0.450 2

4. 黄酮和多酚含量与抗氧化活性的相关性分析　植物中的黄酮和多酚含量常被认为与抗氧化活性具有相关性。本文通过对金线莲不同器官及萃取部位的黄酮和多酚含量与抗氧化活性的相关性分析，发现茎、叶和全草中的多酚含量与DPPH抗氧化活性指标的相关性显著；根状茎及根、茎、叶和全草中的多酚含量与ABTS$^+$抗氧化活性指标相关性显著；黄酮含量与DPPH和ABTS$^+$两个抗氧化活性指标的相关性均不显著（表3-13）。

表3-13　黄酮和多酚含量与抗氧化活性的相关性

抗氧化能力		DPPH	ABTS$^+$
根状茎及根	黄酮含量	0.107	0.024
	多酚含量	0.941	0.983*
茎	黄酮含量	0.026	0.010
	多酚含量	0.952*	0.983*

（续）

抗氧化能力		DPPH	ABTS$^+$
叶	黄酮含量	0.002	0.351
	多酚含量	0.955*	0.984*
全草	黄酮含量	0.171	0.206
	多酚含量	0.988*	0.979*

本文选用金线莲根状茎及根、茎、叶作为研究对象，研究了黄酮、多酚的分布规律以及极性。金线莲乙醇提取物经石油醚、乙酸乙酯和正丁醇依次萃取，通过分光光度计比较不同器官及萃取部位的黄酮和多酚含量差异。结果显示，同一器官不同萃取层的黄酮含量由高到低为乙酸乙酯层（EAE）＞石油醚层（PEE）＞正丁醇层（NBE）＞水层（WE），多酚含量由高到低为正丁醇层（NBE）＞乙酸乙酯层（EAE）＞水层（WE）＞石油醚层（PEE），不同器官同一萃取层的黄酮和多酚含量由高到低为叶＞全草＞茎＞根状茎及根，说明金线莲中含有的黄酮和多酚具有不同的极性，且黄酮类化合物以极性小和中等偏低为主，多酚类化合物以极性中等偏低和极性较大为主。

试验结果表明，金线莲同一器官不同萃取层的抗氧化能力大小为正丁醇层（NBE）＞乙酸乙酯层（EAE）＞水层（WE）＞石油醚层（PEE），而提取物对ABTS$^+$表现出比对DPPH更强的清除能力，说明不同极性的黄酮和多酚对ABTS$^+$和DPPH的清除作用可能存在差异。相同萃取层中，叶部位对ABTS$^+$和DPPH的清除能力明显高于其他器官，而根状茎及根的清除能力最弱。相关性研究显示，金线莲中的多酚含量与抗氧化活性呈显著正相关，黄酮含量与抗氧化活性的相关性不显著。表明金线莲抗氧化活性的物质基础可能是酚类，这一结论为金线莲在保健医学、食品营养学等方面的应用开发提供了参考。

二、氨基酸和矿质元素含量的比较

采用氨基酸分析仪和原子吸收光谱仪，测定11个不同种质金线莲（表3-14）的氨基酸和矿质元素含量，并通过主成分分析法和聚类分析法对测定结果进行分析，为金线莲的种质资源利用开发与品种选育提供参考依据。

表3-14　金线莲供试材料

种源（代码）	经度（东经）	纬度（北纬）
浙江庆元（zjqy）	119°12′	27°45′
浙江泰顺（zjts）	119°56′	27°21′
福建永安（fjya）	117°10′	25°44′
福建武平（fjwp）	116°02′	25°12′
福建明溪（fjmx）	117°11′	26°22′
福建南靖（fjnj）	117°13′	24°36′
江西安远（jxay）	115°11′	25°03′
贵州雷山（gzls）	108°10′	26°14′
贵州印江（gzyj）	108°25′	28°01′
广东韶关（gdsg）	113°46′	25°03′
广西北流（gxbl）	110°20′	22°43′

（一）氨基酸含量比较

在不同种质金线莲样品中共检测出16种氨基酸。从表3-15中可以看出，金线莲样品中含7种人体必需氨基酸，即苏氨酸、缬氨酸、蛋氨酸、异亮氨酸、亮氨酸、苯丙氨酸、赖氨酸。16种氨基酸中天冬氨酸的含量最高，为3.93%～6.78%，其次是谷氨酸，含量为1.20%～1.77%，第3是精氨酸，含量为0.86%～1.27%。福建永安金线莲中人体必需氨基酸含量最高，为4.47%，广东韶关最低，含量为2.81%。11个不同种质金线莲中人体必需氨基酸含量由大到小排序为福建永安＞贵州印江＞贵州雷山＞浙江泰顺＞浙江庆元＞广西北流＞福建明溪＞福建南靖＞福建武平＞江西安远＞广东韶关。贵州雷山金线莲中总氨基酸含量最高，为17.06%，江西安远的含量最低，为11.38%。11个不同种质金线莲中总氨基酸含量由大到小排序为贵州雷山＞贵州印江＞福建永安＞浙江泰顺＞广西北流＞浙江庆元＞福建南靖＞福建明溪＞福建武平＞广东韶关＞江西安远。

表3-15　不同种质金线莲氨基酸含量比较

种源代码	含量（%）								
	苏氨酸	缬氨酸	蛋氨酸	异亮氨酸	亮氨酸	苯丙氨酸	赖氨酸	天冬氨酸	丝氨酸
zjqy	0.46	0.52	0.20	0.45	0.71	0.59	0.62	4.71	0.49
zjts	0.56	0.59	0.23	0.51	0.99	0.55	0.68	5.61	0.58
fjya	059	0.63	0.16	0.53	1.15	0.68	0.73	5.28	0.61
fjwp	0.42	0.44	0.13	0.40	0.70	0.52	0.49	4.78	0.44
fjmx	0.45	0.46	0.18	0.41	0.69	0.48	0.52	5.11	0.45
fjnj	0.38	0.46	0.10	0.37	0.87	0.49	0.50	5.64	0.45
jxay	0.40	0.45	0.11	0.41	0.62	0.53	0.52	3.93	0.45
gzls	0.62	0.65	0.15	0.59	0.96	0.67	0.66	6.78	0.62
gzyj	0.60	0.64	0.16	0.58	1.00	0.67	0.67	6.81	0.62
gdsg	0.39	0.45	0.13	0.36	0.56	0.41	0.51	4.80	0.44
gxbl	0.47	0.52	0.16	0.32	0.73	0.53	0.54	5.05	0.50

种源代码	含量（%）								
	谷氨酸	甘氨酸	丙氨酸	酪氨酸	组氨酸	精氨酸	脯氨酸	必需氨基酸	总氨基酸
zjqy	1.36	0.73	0.71	0.07	0.20	1.04	0.37	3.55	13.23
zjts	1.69	0.88	0.85	0.12	0.24	1.17	0.41	4.11	15.66
fjya	1.74	0.92	0.91	0.09	0.25	1.27	0.45	4.47	15.99
fjwp	1.20	0.68	0.58	0.05	0.19	0.86	0.31	3.10	12.19
fjmx	1.31	0.67	0.66	0.02	0.19	0.92	0.31	3.19	12.83
fjnj	1.21	0.64	0.65	0.02	0.16	0.86	0.28	3.17	13.08
jxay	1.30	0.67	0.62	0.01	0.18	0.86	0.32	3.04	11.38
gzls	1.87	0.85	0.88	0.04	0.25	1.13	0.34	4.30	17.06
gzyj	1.77	0.82	0.86	0.06	0.23	1.09	0.35	4.31	16.91
gdsg	1.22	0.67	0.60	0.02	0.17	0.86	0.32	2.81	11.91
gxbl	1.46	0.75	0.72	0.05	0.20	0.97	0.33	3.27	13.30

（二）矿质元素含量比较

经检测11个不同种质金线莲中均含有Ca、Zn、Cr、Cu、Fe、K、Mg、Mn、Pb、Cd等10种矿质元素，其含量见表3-16。根据WHO人类营养和健康中矿质元素的分类，可见金线莲10种矿质元素中属于人体必需常量元素的为

K、Ca、Mg，其中K含量最高，为4 529.98～6 275.85μg/g，Mg含量最低，为940.47～1 476.3μg/g，属于人体必需微量元素的为Fe、Zn、Cr、Cu，其中Fe含量最高，为714.13～1 105.46μg/g，Cu含量最低，为0.28～2.02μg/g。Pb含量为0.20～0.55μg/g，Cd含量为0.06～0.40μg/g。

表3-16　不同种质金线莲矿质元素含量比较

种源代码	含量（μg/g）				
	Ca	Zn	Cr	Cu	Fe
zjqy	3 979.02	187.63	6.75	0.95	822.56
zjts	3 957.66	130.70	8.09	1.58	714.13
fjya	4 021.32	144.74	5.64	1.34	900.93
fjwp	2 905.22	192.52	5.96	1.49	768.80
fjmx	3 772.92	158.24	10.30	0.28	966.21
fjnj	3 003.40	220.04	7.39	1.01	1 105.46
jxay	3 226.35	119.66	6.17	2.02	941.04
gzls	3 631.52	145.54	3.93	1.09	859.46
gzyj	2 581.08	136.06	4.32	0.60	767.46
gdsg	3 754.25	202.45	8.03	1.21	1 041.11
gxbl	3 018.34	112.16	1.72	0.72	756.95

种源代码	含量（μg/g）				
	K	Mg	Mn	Pb	Cd
zjqy	5 609.12	1 476.30	375.26	0.41	0.07
zjts	6 257.40	1 370.90	276.77	0.23	0.13
fjya	6 048.90	1 247.32	385.90	0.24	0.14
fjwp	6 033.67	940.47	462.47	0.15	0.08
fjmx	6 275.85	1 330.81	539.59	0.20	0.20
fjnj	5 965.87	1 295.20	523.92	0.42	0.13
jxay	6 243.01	976.99	443.17	0.22	0.12
gzls	5 080.05	1 177.08	419.12	0.37	0.40
gzyj	4 839.12	1 230.82	302.40	0.21	0.38
gdsg	5 662.47	1 576.57	296.05	0.55	0.06
gxbl	4 529.98	1 276.39	391.45	0.53	0.12

（三）主成分分析

对11个不同种质金线莲中的氨基酸、矿质元素含量进行主成分分析，计算主成分特征值、方差贡献率和累积方差贡献率，结果如表3-17、表3-18

表3-17　主成分分析特征根和方差贡献率

氨基酸的初始特征值				矿质元素的初始特征值			
主成分	特征根值	方差贡献率（%）	累积方差贡献率（%）	主成分	特征根值	方差贡献率（%）	累积方差贡献率（%）
1	12.791	79.944	79.944	1	3.194	31.936	31.936
				2	2.349	23.494	55.430
				3	1.719	17.195	72.625
2	1.634	10.211	90.155	4	1.195	11.947	84.572

表3-18　主成分矩阵

氨基酸	主成分		元素	主成分			
	1	2		1	2	3	4
丝氨酸	0.900	0.422	Fe	0.840	0.142	0.143	0.038
缬氨酸	0.897	0.420	Zn	0.770	0.156	0.245	0.120
谷氨酸	0.891	0.404	Mn	0.732	−0.213	−0.444	−0.140
天冬氨酸	0.882	−0.094	Ca	−0.098	0.845	0.144	0.138
苏氨酸	0.876	0.446	Cr	0.493	0.784	−0.245	0.060
异亮氨酸	0.863	0.296	K	0.378	0.586	−0.541	0.461
丙氨酸	0.847	0.505	Pb	0.175	−0.117	0.941	0.022
苯丙氨酸	0.841	0.316	Mg	0.063	0.613	0.743	−0.217
亮氨酸	0.803	0.395	Cu	−0.179	−0.028	−0.249	0.887
组氨酸	0.774	0.586	Cd	−0.237	−0.237	−0.233	−0.743
赖氨酸	0.731	0.655					
甘氨酸	0.722	0.664					
酪氨酸	0.287	0.890					
脯氨酸	0.357	0.884					
蛋氨酸	0.095	0.833					
精氨酸	0.693	0.705					

所示。氨基酸前2个主成分的累积方差贡献率达到了90.155%，且特征根 λ_1=12.791、λ_2=1.634，均大于1，说明就氨基酸含量而言，前2个因子在金线莲质量评价中起着主导作用。其中第1主成分贡献率最大，为79.944%，而由旋转后的主成分因子的载荷矩阵可知，第1主成分中丝氨酸、缬氨酸、谷氨酸、天冬氨酸、苏氨酸、异亮氨酸、丙氨酸、苯丙氨酸、亮氨酸的系数占比较大，故为金线莲的特征性氨基酸。矿质元素前4个主成分的累积方差贡献率达到了84.572%，且特征根 λ_1=3.194、λ_2=2.349、λ_3=1.719、λ_4=1.195，均大于1，说明就矿质元素含量而言，前4个因子在金线莲质量评价中起主导作用，其中第1主成分的方差贡献率最大，为31.936%，且第1主成分中Fe、Zn、Mn的载荷系数较大，为第1主成分影响最大的特征向量，第2主成分的方差贡献率为23.494%，Ca、Cr、Mg元素成为第2主成分中的重要决定因子。由于总方差的50%以上贡献率来自第1、2主成分，故Fe、Zn、Mn、Ca、Cr、Mg为金线莲的特征性元素。

（四）聚类分析

对11个不同种质金线莲中的氨基酸、矿质元素含量进行聚类统计分析，结果见图3-7。基于氨基酸含量可将11个不同种质的金线莲分为两大类，贵州雷山和贵州印江聚为一类，其余剩下的9个聚为一类（图3-7a）。基于矿质元素含量可将11个不同种质的金线莲分为两大类，其中贵州雷山、贵州印江和广西北流聚为一类，其余剩下的8个聚为一类（图3-7b）。

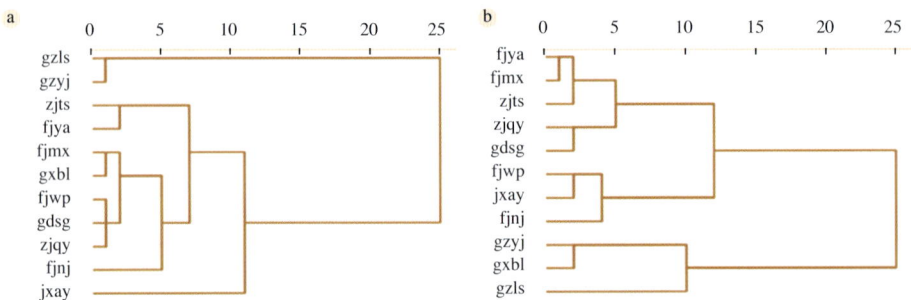

图3-7　按氨基酸含量（a）和矿质元素含量（b）对不同种质金线莲进行聚类分析

本研究11个不同种质金线莲中天冬氨酸的含量最高，其次是谷氨酸，第3是精氨酸。天冬氨酸对高氨血症、肝功能障碍、贫血等疾病有良好的治疗效果；谷氨酸可增强大脑功能，缓解疲劳，同时具有改进和维护大脑机能的功效；精氨酸对提高机体免疫力、改善氮平衡及促进胰岛素等多种激素分泌有重要作用。主成分分析数据得出丝氨酸、缬氨酸、谷氨酸、天冬氨酸、苏氨酸、异亮氨酸、丙氨酸、苯丙氨酸、亮氨酸为金线莲的特征性氨基酸。聚类分析结果得出浙江、福建、广西、广东、江西等地理位置相对较近的聚为一类，贵州单独聚为一类，表明金线莲中氨基酸含量存在一定的地域性差异。

金线莲中含有的矿质元素以K、Ca、Fe、Mg为主。K可以调节细胞内正常的渗透压和体液的酸碱平衡，可以预防卒中，在摄入高钠而导致高血压时具有降血压的作用。Ca元素是人类骨、齿的主要无机成分，也是神经传导、肌肉收缩、血液凝结、激素释放和乳汁分泌等所必需的元素。Fe在人体中可维持造血功能，参与血红蛋白、细胞色素及各种酶的合成，促进生长。Mg参与人类生命过程中的300多种酶促反应，具有维护骨骼生长和神经肌肉的兴奋性，维护胃肠道功能的功效。在《中国药典》2015版附录中规定，除矿物、动物、海洋类以外的中药材中，铅（Pb）含量不得超过10mg/kg，镉（Cd）含量不得超过1mg/kg，砷（As）含量不得超过5mg/kg，汞（Hg）含量不得超过1mg/kg，铜（Cu）含量不得超过20mg/kg。从表3-11中可以看出，Cd和Pb的含量均在上述限度范围内。但根据中华人民共和国外经贸行业标准WM/T 2—2004《药用植物及制剂外经贸绿色行业标准》规定，重金属限量为Pb≤5.0mg/kg，Hg≤0.2mg/kg，Cu≤20.0mg/kg，Cd≤0.3mg/kg。从表3-11中可以看出，仅贵州两地的镉（Cd）含量稍微超过该限度范围。由此可见，金线莲的重金属含量总体上是安全的。矿质元素主成分分析结果表明，Fe、Zn、Mn、Ca、Cr、Mg为金线莲特征元素，聚类分析图中广西和贵州的种质聚为一类，其余的聚为一类，金线莲矿质元素含量存在一定的地域性差异。

第三节　金线莲抗病性分析

一、抗茎腐病研究

金线莲茎腐病是由尖孢镰孢从茎基部侵染引起的，病原菌经由表皮、根毛或根茎侵入金线莲茎基部，是人工栽培中主要病害之一。该病原菌对金线莲不同生育期皆可造成危害，其危害程度依株龄增大而递减，依病原菌浓度及温度上升而增加。发病时植株茎基部出现黄褐色水渍状病斑，很快发展至绕茎一周，病部组织腐烂干枯缢缩呈线状。病势发展迅速，幼苗迅速倒伏死亡，出现猝倒现象，发生严重时危害率达90%，给种植户带来巨大的经济损失。

国内外关于金线莲茎腐病综合防治研究报道较少。潘国祥（1992）研究表明，在金线莲培养基中添加600 mg/kg 钙化合物，能降低金线莲茎腐病发病率15%，且能有效增加植株的株高和鲜重。张淑芬等（1999）利用栽培基质混拌木霉菌AHS06菌株，喷施AHS06 菌株分生孢子制剂、*Streptomyces saraceticus* 31 制剂等方法防治金线莲茎腐病。蔡金池（2008）研究发现TA菌株孢子悬浮液处理，能诱导金线莲后天系统抗病性反应，从而提高其抵抗茎腐病的能力。然而，目前生产上对该病害仍以化学防治为主，常用多菌灵、琥铜·乙膦铝（百菌通）、代森锰锌和甲基硫菌灵等杀菌剂，但因连续多年使用这些药剂，防治效果逐年降低，甚至达到无法控制的程度。本研究对金线莲茎腐病进行病原菌分离鉴定，并对病原菌致病性及生物学特性进行研究，以期为全面了解和深入研究金线莲茎腐病菌的发生规律和科学防治提供参考。

（一）病原菌鉴定

在PDA培养基上培养5d后，肉眼观察菌落形态，发现其菌丝体具有条纹，呈绒毛状。插片法显微观察，发现小型分生孢子较多，呈卵圆形至纺锤形，大型分生孢子无色，呈镰刀形，略弯曲，两端稍尖，多数有3个隔膜。厚垣孢子在菌丝侧枝上顶生，近圆形，卵黄色，表面光滑，单生或串生（图3-8）。依据Booth's镰刀菌分类鉴定标准确认该菌为尖孢镰孢（*Fusarium oxysporum*）。

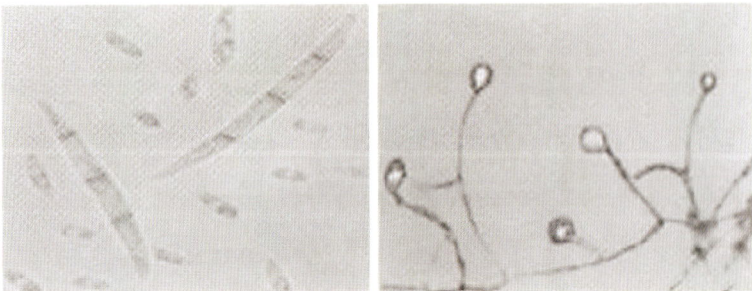

图3-8　金线莲茎腐病病原菌

（二）致病性测定

挑取2mm的菌丝块接种于新鲜离体茎段，发病率为92%，对照发病率为0。发病材料病斑不规则，黄褐色，呈水渍状。与田间发病金线莲植株茎段症状一致，且从这些病斑上都能够再分离到与原接种菌株相同的茎腐病菌。

（三）病原菌生物学特性观察

1.**温度对金线莲茎腐病菌菌落生长和产孢的影响**　不同温度试验结果表明，金线莲茎腐病菌菌丝的生长温度是5～40℃，最适生长温度为28℃，28℃条件病菌培养5d菌落平均直径最大，为78mm，低于5℃或高于40℃，菌丝均不能正常生长。该菌产生分生孢子的温度为5～40℃，最适产孢温度为28℃，产孢量为1.42×10^8个/皿（图3-9）。

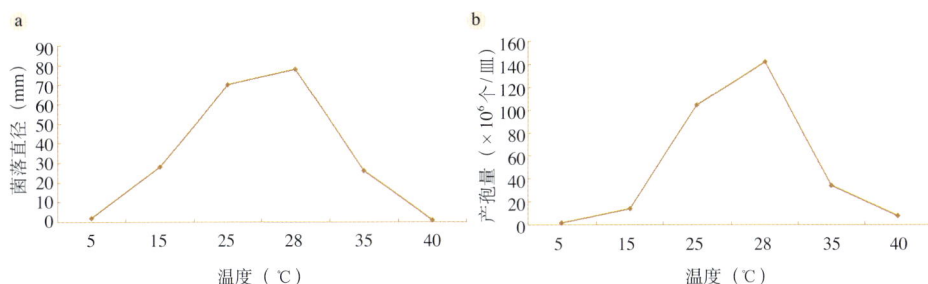

图3-9　温度对金线莲茎腐病菌菌落直径和产孢量的影响
a.菌落直径　b.产孢量

2.**pH对金线莲茎腐病菌菌落生长和产孢的影响**　不同pH条件试验结果表明，金线莲茎腐病菌在pH3～12的PDA培养基上均能生长，最适生长pH为6～7，在pH7的PDA培养基上培养5d后，菌落平均直径最大，为72mm。金线莲茎腐病菌在pH3～12的PDA培养基上均能产孢，但酸性条件更适合其产孢，pH3～5时产孢量较多（图3-10）。

3.**光照对金线莲茎腐病菌菌落生长和产孢的影响**　不同光照条件试验结果表明，金线莲茎腐病菌菌落生长和产孢量在全程光照、光暗交替和全程黑暗处理下有相似的变化情况。病原菌在光暗交替条件下生长最快，产孢量也最多，菌落直径为72mm，产孢量为1.16×10^8个/皿；其次为全程黑暗条件，菌落直径为68mm，产孢量为9.6×10^7个/皿；在全程光照条件下生长最慢，菌落直径为64mm，产孢量为8.4×10^7个/皿（图3-11）。

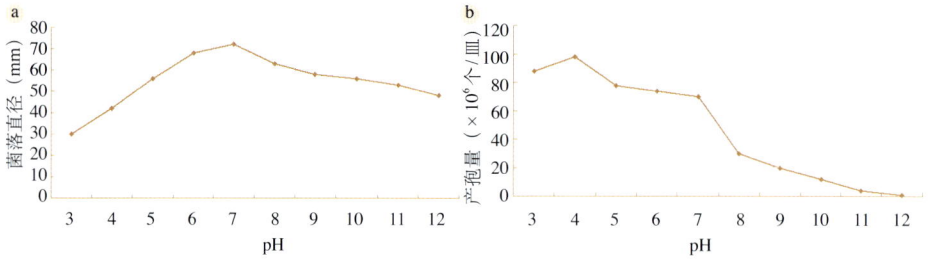

图3-10　pH对金线莲茎腐病菌菌落直径和产孢量的影响

a.菌落直径　b.产孢量

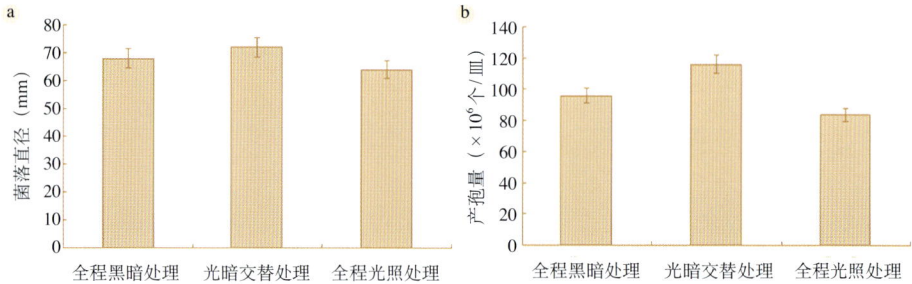

图3-11　光照对金线莲茎腐病菌菌落直径和产孢量的影响

a.菌落直径　b.产孢量

4.杀菌剂对金线莲茎腐病菌的抑制作用　不同杀菌剂对金线莲茎腐病菌菌丝生长的抑制作用差异较大（表3-19），其中25%戊唑醇乳油抑制作用最好，EC_{50}为10.02mg/L，为50%多菌灵可湿性粉剂的92.50倍；其次为40%腈菌唑可湿性粉剂和40%氟硅唑乳油，EC_{50}分别为91.23mg/L、96.68mg/L，分别为50%多菌灵可湿性粉剂的10.16倍、9.59倍。

表3-19　不同杀菌剂对金线莲茎腐病菌的毒力

杀菌剂	回归方程	EC_{50}（mg/L）	r	毒力倍数
25%戊唑醇乳油	$Y=1.2221X+3.2710$	10.02	0.975 9	92.50
40%腈菌唑可湿性粉剂	$Y=1.8116X+1.5475$	91.23	0.985 9	10.16
40%氟硅唑乳油	$Y=1.9576X+0.9092$	96.68	0.989 1	9.59
50%多菌灵可湿性粉剂	$Y=1.6828X+0.1650$	926.80	0.967 1	1.00

注：Y为菌丝生长抑制概率值；X为药剂浓度对数值。

本研究依据Booth's镰刀菌分类鉴定标准，对金线莲茎腐病菌从形态学特性和培养特性方面进行研究，结果与Booth's镰刀菌分类鉴定标准相对照，确定金线莲茎腐病菌为尖孢镰孢。金线莲茎腐病菌菌丝生长和产孢最适温度均为28℃，菌丝生长最适pH为6～7，酸性条件更适合其产孢，pH为3～5时产孢量最多，其生物学特性与白及根腐病、半夏块茎腐烂病等的病原菌尖孢镰孢基本一致。通过对金线莲茎腐病菌的生物学特性研究，可明确该病菌对生态环境的需求，有利于通过改善栽培基质和环境条件来控制病害的发生。

目前，国内外对金线莲茎腐病的防治报道较少，生产上以化学防治为主，常用多菌灵、琥铜·乙膦铝（百菌通）、代森锰锌和甲基硫菌灵等杀菌剂。本研究证明，25%戊唑醇乳油对金线莲茎腐病菌的抑制效果较好，其抑制毒力为50%多菌灵可湿性粉剂的92.50倍。多菌灵抑制毒力较低，可能是由于长期使用多菌灵，病原菌产生了抗药性。戊唑醇是一种高效、广谱、内吸性三唑类低毒杀菌农药，具有保护、治疗、铲除三大功能，杀菌谱广、持效期长。如经田间药效试验得到进一步验证，则可能成为防治金线莲茎腐病的高效首选药剂，在金线莲茎腐病防治中具有较大应用潜力。另外为防止病原菌对该类杀菌剂产生抗药性，在金线莲茎腐病的病害管理体系中应注意与其他杀菌剂合理混合使用或轮换使用，以延缓病原菌抗药性的产生。

二、抗软腐病研究

金线莲软腐病是金线莲主要病害之一，由软腐欧文氏菌黑茎病变种[*Eruinia carotovora* var. *atroseptica* (Hellmers et Dowson) Dye]引起，属于细菌性病害，主要通过昆虫、雨水、农具等造成伤口和植株叶片的水孔和气孔侵染。金线莲软腐病一般可造成产量下降10%～30%，严重时可达70%～80%，病症初期表现为黑褐色斑点，犹如水渍，继而扩大，危及整张叶片，使叶片迅速软腐，有明显汁液流出，最后造成植株死亡。国内外曾报道一些抑制软腐欧文氏菌黑茎病变种生长的化学药剂，如链霉素、氧氯化铜、喹酸、四环素和多保链素（甲基硫菌灵＋链霉素）、代森锰、代森锰锌。

（一）病情指数标准

$$病情指数 = \frac{\Sigma（该病级数 \times 该病级叶片数）}{最高病级数 \times 调查总叶片数} \times 100$$

病情分级标准：0级，叶片上无症状；1级，处理处有黑褐色斑点，无扩展；3级，病斑从内向外扩展，占叶面积5％以下；5级，病斑占叶面积5％～25％；7级，病斑占叶面积26％～50％；9级，病斑占叶面积50％以上（图3-12）。

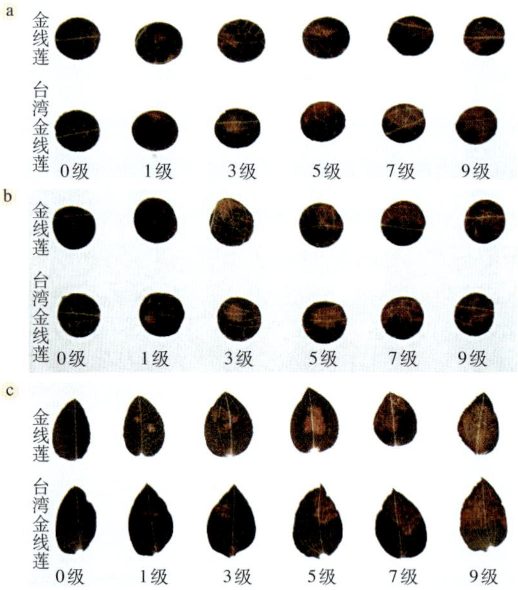

图3-12　金线莲软腐病病情分级标准
a.离体叶碟滴接法　b.离体叶碟针刺法　c.活体喷雾法

抗性鉴定标准：免疫（I），病情指数为0；高抗（HR），0＜病情指数≤10；抗病（R），10＜病情指数≤30；中抗（MR），30＜病情指数≤50；感病（S），50＜病情指数≤70；高感（HS），70＜病情指数≤100。

（二）不同接种方法对金线莲软腐病发病的影响

由表3-20可以看出，离体叶碟滴接法接种后金线莲和台湾金线莲的病情指数差异较大，能够比较明显区分其抗病性，台湾金线莲对软腐病抗性水平高于金线莲，该方法结果与活体喷雾法较一致，可以比较真实地反映金线莲的抗病性；而离体叶碟针刺法接种后金线莲和台湾金线莲的病情指数差异较小，发病程度普遍偏重，病情指数虽然有增加的趋势但是较难区分其抗病类型，掩盖了种间的真实抗性。所以，离体叶碟滴接法较适合金线莲软腐病苗期抗病性的鉴定。

表3-20　不同接种方法金线莲软腐病发病情况

材　料	离体叶碟滴接法		离体叶碟针刺法		活体喷雾法	
	病情指数	抗性水平	病情指数	抗性水平	病情指数	抗性水平
金线莲	56.71	S	78.12	HS	62.13	S
台湾金线莲	47.12	MR	74.09	HS	39.95	MR

（三）不同接种浓度对金线莲软腐病发病的影响

由表3-21可以看出，接种不同浓度的菌悬液后，金线莲幼苗发病程度有所不同，接种浓度越大，病情指数越高，发病程度越严重。当接种浓度为1.0×10^6CFU/mL时，金线莲和台湾金线莲之间的病情指数差异不明显，抗病性区分度较小；当接种浓度为1.0×10^7CFU/mL时，病情指数差异较明显，能够较好地区分抗、感病品种，比较适合评价金线莲的抗病性，能相对准确地反映各品种间的抗性差异。当接种浓度大于1.0×10^7CFU/mL时，金线莲和台湾金线莲发病严重，病情指数差异不明显，难以充分表现抗性差异，也不能进行正确的抗性评价。因此，菌液浓度1.0×10^7CFU/mL是最佳接种浓度。

表3-21　不同接种浓度下金线莲软腐病的发病情况

材　料	接种浓度（CFU/mL）							
	1.0×10^6		1.0×10^7		1.0×10^8		1.0×10^9	
	病情指数	抗性水平	病情指数	抗性水平	病情指数	抗性水平	病情指数	抗性水平
金线莲	45.80	MR	56.71	S	68.44	S	83.12	HS
台湾金线莲	39.65	MR	47.12	MR	66.38	S	80.09	HS

（四）不同接种叶龄对金线莲软腐病发病的影响

由表3-22可以看出，不同叶龄金线莲接种软腐欧文氏菌黑茎病变种后，其发病程度存在明显差异。在2个月叶龄接种时，金线莲和台湾金线莲发病程度严重，抗病性最差，病情指数普遍偏高，且无明显差异，较难区分其抗病性；在4个月叶龄接种时，金线莲和台湾金线莲的病情指数有一定的差异，能相对准确地区分出抗、感病品种。而在8个月叶龄接种时，发病程度较轻，病情指数普遍偏低，较难充分反映金线莲植株的抗性差异。由此可见，金线莲幼苗在不同时期接种病原菌后，其抗侵染能力不同，抗病性随着叶龄的增大而增强。因此，4个月叶龄为金线莲软腐病的最适接种时期。

表3-22　不同接种叶龄下金线莲软腐病的发病情况

材　料	接种时间							
	2个月叶龄		4个月叶龄		6个月叶龄		8个月叶龄	
	病情指数	抗性水平	病情指数	抗性水平	病情指数	抗性水平	病情指数	抗性水平
金线莲	65.39	S	56.71	S	51.22	S	40.01	MR
台湾金线莲	58.81	S	47.12	MR	43.15	MR	38.04	MR

（五）结论与讨论

1.不同接种方法对金线莲软腐病发病的影响　离体叶碟滴接法接种后金线莲和台湾金线莲之间病情指数差异较大，能够较明显区分其抗病性，台湾金线莲对软腐病抗性水平高于金线莲，其结果与活体喷雾法较一致，可以比较真实地反映其抗病性。而离体叶碟针刺法接种后，金线莲和台湾金线莲的病情指数差异较小，发病程度普遍偏重，病情指数虽然有增加的趋势，但是较难区分其抗病类型，这可能是由针刺时菌量较难控制所引起的，也可能是针刺伤口促使软腐细菌侵染，由此加快加重病害的发生。

2.不同接种浓度对金线莲软腐病发病的影响　接种不同浓度的菌悬液后，金线莲幼苗发病程度有所不同，接种浓度越大，病情指数越高，发病程度越严重。本试验认为当接种浓度为1.0×10^7CFU/mL时，病情指数差异较明显，能够较好地区分抗、感病品种，比较适合评价金线莲的抗病性，能相对准确地反映各品种间的抗性差异。菌悬液浓度过大，致使发病较快且重，病情指数差异不明显，掩盖了品种本身的真实抗性；如果浓度过小，则病害潜育期长，受周围环境影响大，抗病性区分度较小，结果的准确性受到影响。

3.不同接种叶龄对金线莲软腐病发病的影响　不同叶龄金线莲接种软腐欧文氏菌黑茎病变种后，其发病程度存在明显差异。本试验认为在4个月叶龄接种时，金线莲和台湾金线莲的病情指数有一定的差异，能相对准确地区分出抗、感病品种。叶龄越大，发病程度越轻，金线莲的抗侵染能力越强，叶片发病不充分，给鉴定工作带来困难；叶龄较小，发病程度普遍严重，抗病类型区分度较小，难以表现出金线莲品种的真实抗性。

本试验建立了金线莲抗软腐病离体鉴定方法，据其所得的鉴定结果与苗期活体喷雾法鉴定结果较一致，可用于金线莲抗病品种筛选、抗性的鉴定。本研究的离体鉴定方法是传统人工接种鉴定方法的改进和补充，可减轻田间鉴定的工作量，为金线莲抗软腐病的新品种选育及种质资源创新提供技术保障。但是，由于植株对病害的抗性表现还受到遗传基因、接种菌株、环境因子等多种因素的影响，而本试验没有涉及因素间的相关性，如不同离体接种方法与接种浓度，不同叶龄与浓度，不同离体接种方法与叶龄之间的关系，因此有待进一步研究。

第四节　金线莲真伪鉴别技术

中药材鉴别最常用的方法主要有基原鉴定、性状鉴定、显微鉴定和理化鉴定，称为传统四大鉴定方法。随着物理、化学、生物学和计算机的加速发展，仪器分析的手段不断更新，紫外光谱、红外光谱、气相色谱、高效液相色谱、核磁共振、扫描电子显微镜、计算机图像处理分析、电泳、同工酶分析、分子生物学技术、X射线衍射技术、差热分析技术等均被吸收到中药材鉴别的方法中来，极大地丰富了中药材鉴别方法，形成了以四大鉴定法为基础，逐步适应中药现代化的一套更为科学、完善、先进的中药材鉴别体系。

目前，市场上金线莲基原植物来源混杂，许多不法商人为了获取巨额利润，不顾用药安全，将一些与金线莲形态相似但成本低廉的植物（如斑叶兰 *Goodyera schlechtendaliana*、血叶兰 *Ludisia discolor*）作伪品掺入。金线莲作为一种中国传统珍稀名贵药材，正广泛用于中医药、保健和化妆品领域，市场前景看好。因此，在金线莲原药材鉴别时，必须利用现代科学技术快速准确地鉴别金线莲的真伪，使金线莲市场规范化、透明化，以促进金线莲产业的可持续发展。

一、形态特征鉴别

（一）原植物整体形态比较

如图3-13a可见，金线莲鲜品高约15cm，根上密被茸毛；茎为匍匐伸长的根状茎，略肉质，圆柱形；叶2～4片，卵形或卵圆形，全缘，先端急尖，基部略呈圆形，骤狭成柄，叶柄基部具叶鞘；叶的上表面呈墨绿色，具美丽的金红色网脉，叶背面略带红色。斑叶兰鲜品呈绿色，根上有茸毛；根状茎常伸长，茎状，匍匐，具节，节上生根；茎直立，节间相对较短；叶互生，稍肉质，具柄，叶上表面常有类白色的斑纹（图3-13b）。

图3-13 原植物形态

a.金线莲　b.斑叶兰

两者鲜品比较：金线莲植株与斑叶兰相比较为高大；金线莲的根部不如斑叶兰的发达；金线莲茎的节间比斑叶兰茎的节间更长；金线莲叶面呈红黑色，叶背面可看到较为清晰的纹理，而斑叶兰叶面为白绿色，叶片较厚，不能看到清晰的纹理。

（二）根茎叶形态比较

根的形态比较：金线莲鲜品的根部为匍匐状，根部较为幼嫩且密被茸毛，根互相缠绕，较弯曲；斑叶兰鲜品的根较为发达，呈直立状态，不互相缠绕，且根表面茸毛也较金线莲更为稀疏（图3-14a）。

茎的形态比较：金线莲鲜品的茎上有叶鞘，节间与斑叶兰的茎相比，节间较长，且茎较为笔直，茎的颜色略微泛红；斑叶兰鲜品茎的节间较短，且略呈弯曲状，颜色偏绿（图3-14b）。

叶的形态比较：金线莲鲜品的叶片上表面呈暗绿色，叶面上分布金红色的网脉，叶片较为圆润；斑叶兰鲜品的叶片上表面呈绿色，颜色比金线莲略浅，叶片较为尖锐，并分布白色的网脉，网脉与金线莲相比较为稀疏（图3-14c）。金线莲鲜品的叶片下表面除了清晰可见的主叶脉，还可看到两条侧叶脉及其网脉；斑叶兰鲜品的叶片与金线莲相比较为厚实，下表面主叶脉较

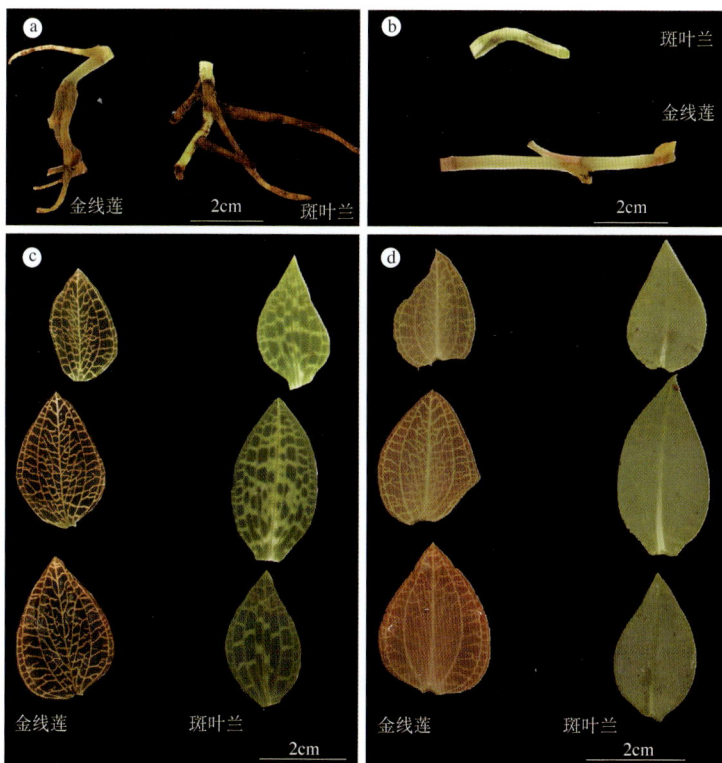

图3-14　金线莲和斑叶兰的形态比较
a.根　b.茎　c、d.叶片的上、下表面

为清晰，但不能看到清晰的网脉（图3-14d）。

样本中，从金线莲和斑叶兰上、中、下3个不同部位取得的叶片长度和宽度有显著差异。金线莲不同部位的叶片长度、宽度均大于斑叶兰。其中，金线莲上部和下部取得的叶片长度和宽度与斑叶兰相比差别更为明显，相较于上部和下部叶片，中部取得的叶片长度、宽度差距略不明显；金线莲与斑叶兰叶片的宽度差异比长度差异更为显著（图3-15）。

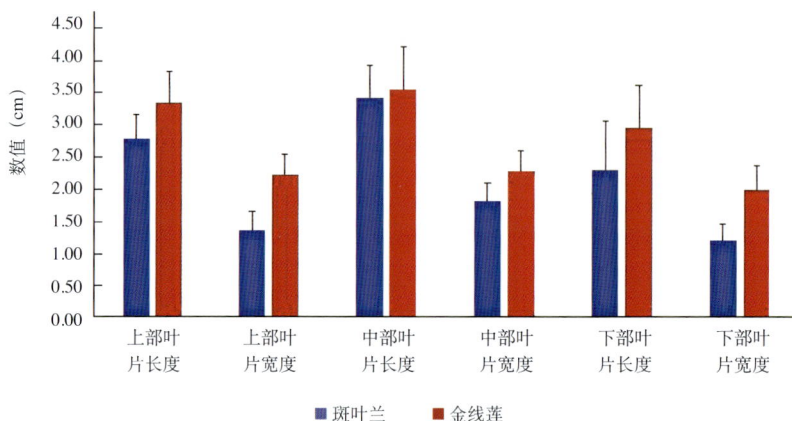

图3-15　金线莲和斑叶兰植株不同部位的叶片长、宽比较

（三）性状鉴定

金线莲干品根部呈土黄色，密被白色茸毛，经干燥后，茸毛仍清晰可见；茎部经干燥后失去水分，质地较脆，颜色变深，由略带红色的绿色变为咖啡色；叶片经干燥后厚度变薄，质地变脆，易碎，叶的上表面颜色更偏向于暗绿色，下表面更偏向于红色，叶片表面的网脉仍清晰可见。金线莲干燥品气味清淡，有淡淡香气（图3-16）。

斑叶兰经干燥后，质地比金线莲更脆，根上的茸毛与金线莲相比不明显，根部颜色较金线莲的颜色更深，呈咖啡色；茎部干燥后呈绿色，与金线莲有非常明显的颜色差异；叶片整体颜色也与金线莲有显著区别，斑叶兰叶片的颜色偏土黄色，叶片纹路与金线莲叶片相比更为模糊（图3-16）。斑叶兰干燥品气味也较清淡。可根据根、茎、叶3个不同部位干燥品的差异区分金线莲和斑叶兰。

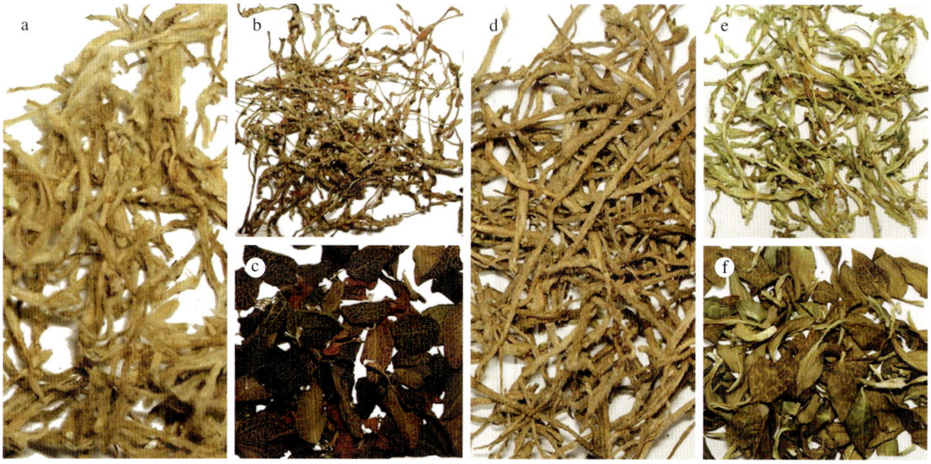

图3-16　金线莲、斑叶兰的性状鉴定

a.金线莲根　b.金线莲茎　c.金线莲叶　d.斑叶兰根　e.斑叶兰茎　f.斑叶兰叶

（四）石蜡切片显微结构鉴定

金线莲的根分为表皮、皮层和中柱维管束3层（图3-17a）。根的表皮外被众多根毛组织；皮层宽广，呈长方形，排列较为疏松，偶见含草酸钙针晶束的黏液细胞，皮层内侧内皮层明显，内皮层细胞呈类长方形；中柱部分可见有限外韧型维管束散在，为8～10个。斑叶兰的根分为表皮、外皮层、皮层、韧皮部、内皮层、木质部、髓等；皮层细胞排列疏松，类圆形，髓不明显（图3-17b）。

金线莲的茎从外向内包括表皮、皮层及中柱。表皮细胞圆形或扁圆形，较规则；皮层较为明显且宽广，皮层细胞排列较为疏松，内皮层明显；中柱部分为数十个有限外韧型维管束散在，中间的髓部较斑叶兰不明显（图3-17c）。斑叶兰的茎分为表皮、皮层和维管束3层（图3-17d）。根的表皮外面无明显的根毛组织；皮层内部还有内皮层，紧靠内皮层细胞的是数十个有规则排列的维管束，皮层细胞呈长方形，排列较为疏松，有多列。斑叶兰的髓部较金线莲明显。

金线莲叶的横切面（过主叶脉）组织构造包括上表皮、下表皮、叶肉组织（包括栅栏组织和海绵组织）、主脉维管束等；其中，上表皮细胞呈乳突状，排列较为紧密；叶肉组织排列相对较为疏松，细胞间隙较大；主脉维管束木质部在上，韧皮部在下，呈外韧型（图3-17e）。斑叶兰叶的横切面（过主叶脉）组织构造包括上表皮、下表皮、叶肉组织（海绵组织明显）及主脉维管束（包括木质部和韧皮部）；上、下表皮细胞排列紧密，海绵组织细胞呈圆形或类圆形，排列较为疏松；主脉维管束木质部在上，韧皮部在下，呈外韧型（图3-17f）。

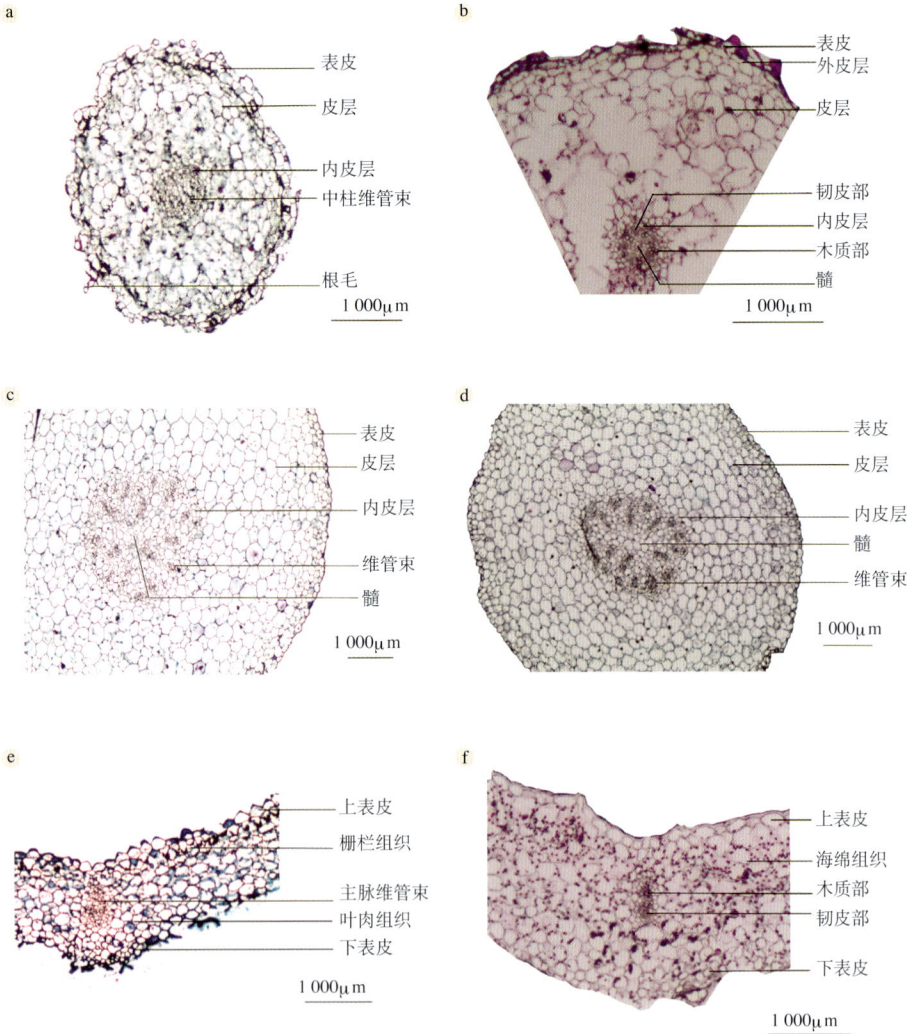

a

表皮
皮层
内皮层
中柱维管束
根毛
1 000μm

b

表皮
外皮层
皮层
韧皮部
内皮层
木质部
髓
1 000μm

c

表皮
皮层
内皮层
维管束
髓
1 000μm

d

表皮
皮层
内皮层
髓
维管束
1 000μm

e

上表皮
栅栏组织
主脉维管束
叶肉组织
下表皮
1 000μm

f

上表皮
海绵组织
木质部
韧皮部
下表皮
1 000μm

图3-17 石蜡切片显微结构（10×2.5）

a.金线莲根 b.斑叶兰根 c.金线莲茎 d.斑叶兰茎 e.金线莲叶 f.斑叶兰叶

（五）粉末装片显微结构鉴定

1. 根粉末的显微结构鉴定

①图3-18a为显微镜下金线莲根粉末的显微结构。1为螺旋状根毛；2为大型壁孔的网纹细胞；3为针晶束；4为螺纹导管；5为棕色块；6为呈三角形的薄壁细胞。金线莲根的粉末当中存在大量网纹状根毛，绝大部分是螺旋状的导管。

②图3-18b为显微镜下斑叶兰根粉末的显微结构。1为螺旋状根毛；2为内含多糖的薄壁细胞；3为针晶束；4为顶壁呈连珠状增厚的表皮细胞；5为螺纹导管；6为菌丝。

斑叶兰根部的针晶束较金线莲的针晶束更长、更粗，且斑叶兰有内含多糖的薄壁细胞和壁呈连珠状增厚的表皮细胞，以上可作为两者的鉴别点。斑叶兰根部存在菌丝，有可能是由植物的生长环境所引起，也可能是植物自身的缘故，尚不能确定。

2. 茎粉末的显微结构鉴定

①图3-18c为显微镜下金线莲茎粉末的显微结构。1为螺纹导管；2为针晶束；3为表皮细胞。可见金线莲茎的粉末中存在大量螺纹导管和针晶束。

②图3-18d为显微镜下斑叶兰茎粉末的显微结构。1为针晶束；2为内含多糖团块的薄壁细胞；3为髓部薄壁细胞；4为壁呈连珠状增厚的表皮细胞；5为髓部散在的维管束。

可以看到斑叶兰的茎部也存在壁呈连珠状增厚的表皮细胞，以及含多糖团块的薄壁细胞，这些可以作为两者的鉴别点。

3. 叶粉末的显微结构鉴定

①图3-18e为显微镜下金线莲叶粉末的显微结构。1为螺纹导管；2为分枝状螺纹导管；3为针晶束；4为散在针晶束；5为显示色素的叶表皮细胞；6为多边形表皮细胞连珠状增厚；7为气孔；8为叶肉细胞垂周壁波状弯曲。金线莲叶的粉末中也存在螺纹导管、针晶束等，有叶特征气孔。

②图3-18f为显微镜下斑叶兰叶粉末的显微结构。1为针晶束；2为内含针晶束的黏液细胞；3为不定式气孔；4为螺纹导管；5为壁呈连珠状增厚的表皮细胞；6为上表皮细胞，显示色素细胞层；7为分泌腺；8为叶肉细胞和维管束。

金线莲和斑叶兰在叶粉末装片显微结构中的差异并不明显。

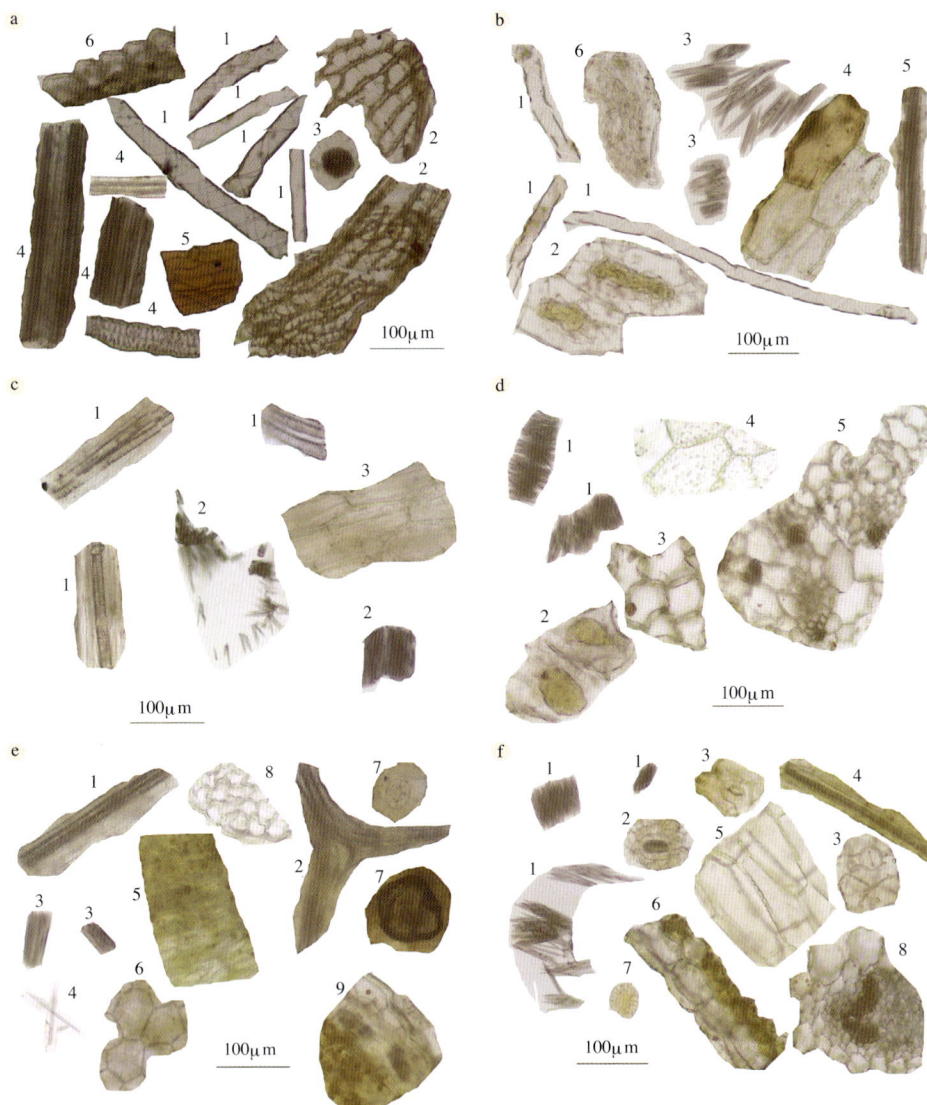

图3-18 粉末装片显微结构（10×10）

a.金线莲根 b.斑叶兰根 c.金线莲茎 d.斑叶兰茎 e.金线莲叶 f.斑叶兰叶

二、近红外鉴别

目前，最常用于鉴别掺假的方法包括核磁共振（NMR）检测、高效液相色谱（HPLC）检测、显微镜观察、指纹图谱识别和DNA检测。然而这些方法通常具有一些缺点，如样品制备复杂、使用有毒化学试剂、试验期间损坏样品、分析复杂、价格昂贵等。因此，这些方法不适用于市场要求快速检测金线莲的需求。但是，近红外光谱（NIR）是一种快速、简单、无损、有效的分析工具，已广泛用于食品和药品的定性和定量分析，如掺有廉价淀粉的藕粉、糖浆掺假蜂蜜及掺有大豆和玉米油的山茶油。然而，还没有关于使用 NIR 光谱法定性和量化金线莲掺假的研究。因此，本文对是否可以使用 NIR 光谱法快速鉴定金线莲的掺假进行研究，以满足市场监管的要求。金线莲、斑叶兰、血叶兰的原植株形态见图 3-19。

图 3-19　原植株形态
a. 金线莲　b. 斑叶兰　c. 血叶兰

（一）近红外光谱分析

如图 3-20a、b 所示，金线莲正品及金线莲掺假斑叶兰和血叶兰的原始 NIR 光谱图在 $4\,000 \sim 12\,000\,cm^{-1}$ 内的吸收带具有相似的变化趋势。光谱显示了在 $6\,000 \sim 7\,100\,cm^{-1}$ 处 N—H 拉伸或 O—H 拉伸的第一次泛音。其他峰分配如下：在 $5\,380 \sim 6\,000\,cm^{-1}$ 处，出现各组中 C—H 拉伸的第一次泛音；在 $5\,180\,cm^{-1}$ 处，出现 O—H 拉伸和 C—O 变形的第一次泛音组合；在 $4\,750\,cm^{-1}$ 处，出现 C—O 拉伸和 O—H 变形的第一次泛音组合；在 $4\,320\,cm^{-1}$ 处，出现 C—H 和 C—C 拉伸的第一次泛音组合。总体而言，正品金线莲的吸收强度高于掺假金线莲，且掺假样品吸收光谱表现出较大的波动。然而，正品和掺假的金线莲之间的光谱差异是微小的，不能区分。

（二）定性分析

采用 PLS-DA 监督分类方法区分真实和掺假的金线莲，获得一阶导数、二阶导数、标准正态转换（SNV）和二阶导数 + SNV 预处理的 PLS-DA 得分图

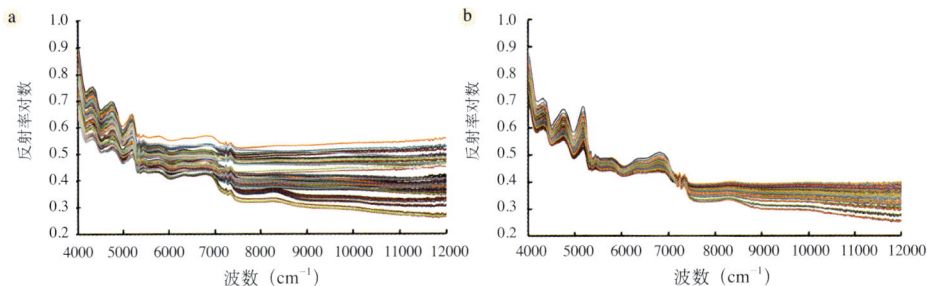

图3-20 近红外光谱分析

a.金线莲正品 b.掺入斑叶兰和血叶兰的金线莲伪品

（图3-21a、b、c、d）。与图3-21c相比，图3-21a和图3-21b显示有分离的迹象，但图3-21a显示在较低掺杂含量的样品之间具有部分重叠。而图3-21b显示了真实和掺假的金线莲之间有明显的分离，但是掺杂斑叶兰和血叶兰的样品彼此重叠。因此，一阶导数、二阶导数和SNV预处理不能区分金线莲和掺杂斑叶兰和血叶兰的金线莲样品。然而，从图3-21d可以看出，二阶导数＋SNV似乎是用于区分样品的最佳预处理方法。如图3-21d所示，3个样本组明显分开：真实的金线莲分布在中心轴的右侧，而掺杂斑叶兰的金线莲样品分布在

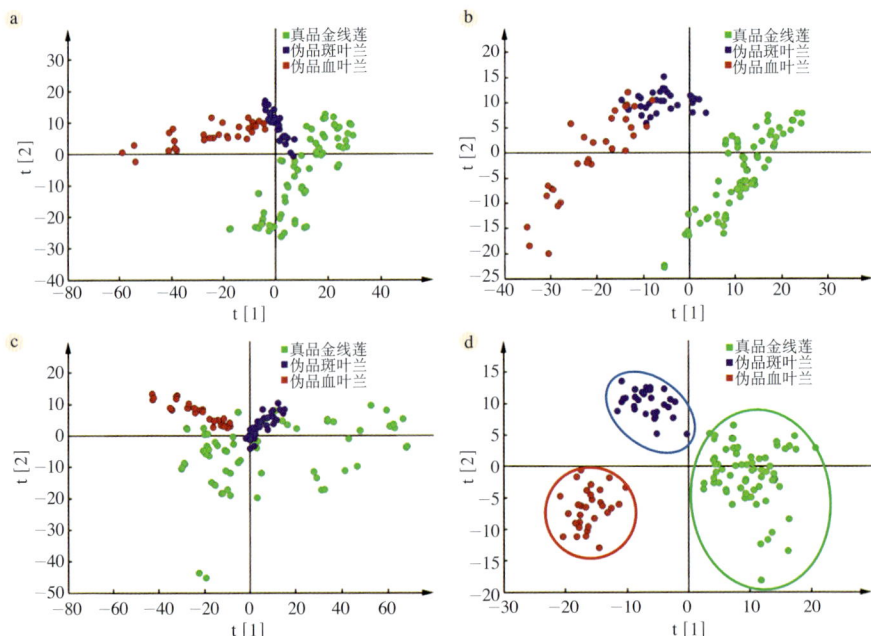

图3-21 PLS-DA得分图

a.一阶导数 b.二阶导数 c.标准正态转换（SNV） d.二阶导数＋SNV

左上方，掺杂血叶兰的金线莲样品分布在左下方。从图3-21中可以看出，t[1]在区分真实的和掺假的金线莲样品中起了重要作用，而t[2]对掺杂斑叶兰和血叶兰的金线莲样品之间的分离有较大的影响。此外，PLS-DA模型的拟合优度（R2Y）和预测能力（Q2）分别为0.941和0.851，这表明模型的稳定性和可预测性较好。因此，可以看出，所有真实和掺假的金线莲样品都可以使用PLS-DA模型进行正确分类，并且选择合适的预处理方法可以提高分类性能。

（三）定量分析

将掺假金线莲样品区分出来后，使用原始光谱、平滑、一阶导数、二阶导数和SNV预处理的PLS模型进行进一步的统计分析，确定金线莲样品中掺杂的斑叶兰和血叶兰的量。PLS法分析了不同占比的斑叶兰和血叶兰（0，10%，20%，30%，40%，50%，60%，70%，80%，90%，100%；质量分数）掺假样品的光谱数据。使用$4\,000 \sim 12\,000\,cm^{-1}$波段的光谱进行定量分析。PLS分析结果如表3-23所示。根据PLS模型中预测集和训练集的R^2和$RMSE$值，潜变量选为4。一阶导数、二阶导数和SNV预处理光谱的R_c^2值（校正集的R^2）均大于原始光谱，而其$RMSECV$和$RMSEP$值均小于原始光谱。还发现，对于SNV预处理，R_c^2值最大且最接近1，$RMSECV$和$RMSEP$值分别为1.362 6%和4.457 5%。掺杂血叶兰的金线莲样品的PLS分析结果（表3-24）与掺杂斑叶兰的样品相似。当主成分因子数为3时，发现SNV预处理的R_c^2值最大，$RMSECV$和$RMSEP$值最小，分别为1.362 6%和2.436 4%。这表明预处理可以改善PLS模型的性能，且使用SNV处理进行定量分析最适用于校正模型和预测模型。

表3-23　不同光谱预处理的PLS模型结果（金线莲掺杂斑叶兰）

模型	光谱预处理	LV	R_c^2	RMSECV（%）	R_v^2	RMSEP（%）
	Normal	4	0.994 7	3.265 6	0.986 7	5.194 2
	Smoothing	4	0.994 6	3.288 1	0.986 8	5.181 9
PLS	First derivative	4	0.995 5	2.987 3	0.991 9	4.013 1
	Second derivative	4	0.998 6	1.682 8	0.983 3	7.331 7
	SNV	4	0.999 1	1.362 6	0.992 2	4.457 5

注：R_c^2为校准集中的决定系数；R_v^2为验证集中的决定系数；$RMSECV$为交叉验证的均方根误差；$RMSEP$为预测的均方根误差；LV为潜在变量。

表3-24　不同光谱预处理的PLS模型结果（金线莲掺杂血叶兰）

模型	光谱预处理	LV	R_c^2	RMSECV（%）	R_v^2	RMSEP（%）
	Normal	3	0.983 4	5.736 7	0.990 1	5.866 7
	Smoothing	3	0.983 2	5.772 0	0.989 8	5.899 4
PLS	First derivative	3	0.990 0	4.467 2	0.985 1	5.788 9
	Second derivative	3	0.989 6	4.556 1	0.975 4	7.197 7
	SNV	3	0.999 6	1.362 6	0.998 2	2.436 4

注：R_c^2 为校准集中的决定系数，R_v^2 为验证集中的决定系数；RMSECV 为交叉验证的均方根误差；RMSEP 为预测的均方根误差；LV 为潜在变量。

通过使用iPLS和siPLS变量选择方法提高所选PLS模型的性能。表3-25和表3-26分别显示了金线莲中掺杂斑叶兰和血叶兰更好的iPLS和siPLS校正模型的统计指标。通过iPLS计算之后产生了不同的区间（10、20、30）模型，从模型中获得的RMSEP值与全光谱模型进行比较。这个结果表明，选择适当的区间以避免频谱噪声信息，但只选择一个区间会丢失一些有用的信息。所以使用siPLS变量选择方法可以更好地提高模型的性能。通过比较RMSECV和RMSEP值，siPLS的模型在所有情况下均表现出较好的性能。掺杂斑叶兰的最佳siPLS模型为区间11、18、19结合。此时，RMSEP值最低，为2.893 8，RMSECV值为1.736 1。然而，掺杂血叶兰的最佳siPLS模型是区间13、19结合。RMSEP值最低，为1.074 8，RMSECV值为1.337 0。图3-22表明最佳siPLS模型的预测值与金线莲中斑叶兰和血叶兰的实际掺假水平之间的线性关系。斑叶兰的校准和验证R^2值分别为0.998 5和0.996 9，血叶兰的校准和验证R^2值分别为0.999 1和0.999 6。结果表明，光谱预处理和变量选择提高了PLS模型的性能。

表3-25　不同波长范围的PLS模型结果（金线莲掺杂斑叶兰）

模型	间隔	LV	R_c^2	RMSECV（%）	R_v^2	RMSEP（%）
iPLS10	6	5	0.986 5	5.208 8	0.993 3	3.783 2
iPLS20	12	5	0.980 8	6.174 9	0.993 5	3.611 2
iPLS30	16	5	0.981 3	6.134 0	0.993 8	4.483 7
siPLS10	7,9	6	0.997 4	2.302 0	0.997 2	2.897 6
	4,5,9	5	0.997 3	2.315 9	0.994 0	3.871 3
	4,5,7,9	5	0.996 9	2.479 8	0.992 9	4.246 8

（续）

模型	间隔	LV	R_c^2	$RMSECV$（%）	R_v^2	$RMSEP$（%）
siPLS20	10,18	4	0.998 3	1.853 6	0.996 0	3.268 4
	11,18,19	4	0.998 5	1.736 1	0.996 9	2.893 8
	7,10,18,19	5	0.998 7	1.616 8	0.996 7	2.911 5
siPLS30	10,26	5	0.998 2	1.889 5	0.994 7	3.543 5
	14,26,27	3	0.998 1	1.944 0	0.994 1	3.869 7
	5,25,26,29	8	0.998 8	1.610 7	0.989 5	4.686 7

注：R_c^2 为校准集中的决定系数；R_v^2 为验证集中的决定系数；$RMSECV$ 为交叉验证的均方根误差；$RMSEP$ 为预测的均方根误差；LV 为潜在变量。

表3-26　不同波长范围的PLS模型结果（金线莲掺杂血叶兰）

模型	间隔	LV	R_c^2	$RMSECV$（%）	R_v^2	$RMSEP$（%）
iPLS10	5	5	0.948 1	10.284 9	0.978 5	6.870 5
iPLS20	13	5	0.997 7	2.153 7	0.999 2	1.342 9
iPLS30	19	3	0.997 1	2.431 1	0.995 2	3.235 5
siPLS10	6,7	5	0.947 3	10.256 1	0.974 2	8.913 6
	6,7,8	6	0.999 1	1.321 7	0.998 7	1.769 7
	5,6,7,9	6	0.998 8	1.545 9	0.999 5	1.369 3
siPLS20	13,19	5	0.999 1	1.337 0	0.999 6	1.074 8
	11,13,17	6	0.999 4	1.132 7	0.999 2	1.404 9
	11,13,15,16	6	0.999 2	1.242 0	0.998 6	1.831 6
siPLS30	19,26	9	0.999 2	1.274 3	0.998 1	2.327 1
	21,26,29	5	0.999 3	1.173 8	0.999 4	1.774 5
	13,17,19,26	8	0.999 5	1.020 4	0.998 9	1.499 0

注：R_c^2 为校准集中的决定系数；R_v^2 为验证集中的决定系数；$RMSECV$ 为交叉验证的均方根误差；$RMSEP$ 为预测的均方根误差；LV 为潜在变量。

此研究提出了一种定性分析方法，鉴别正品金线莲及掺杂斑叶兰和血叶兰的金线莲，并使用NIR结合化学计量法量化不同掺假水平。使用PLS-DA鉴别模型表现出优异的性能，能正确区分3类样品。使用PLS建立了NIR校准模型，以量化比较斑叶兰和血叶兰对金线莲的不同掺杂水平。此外，还比较了不同预处理方法和变量选择对模型性能的影响。这些结果表明，适当的预处

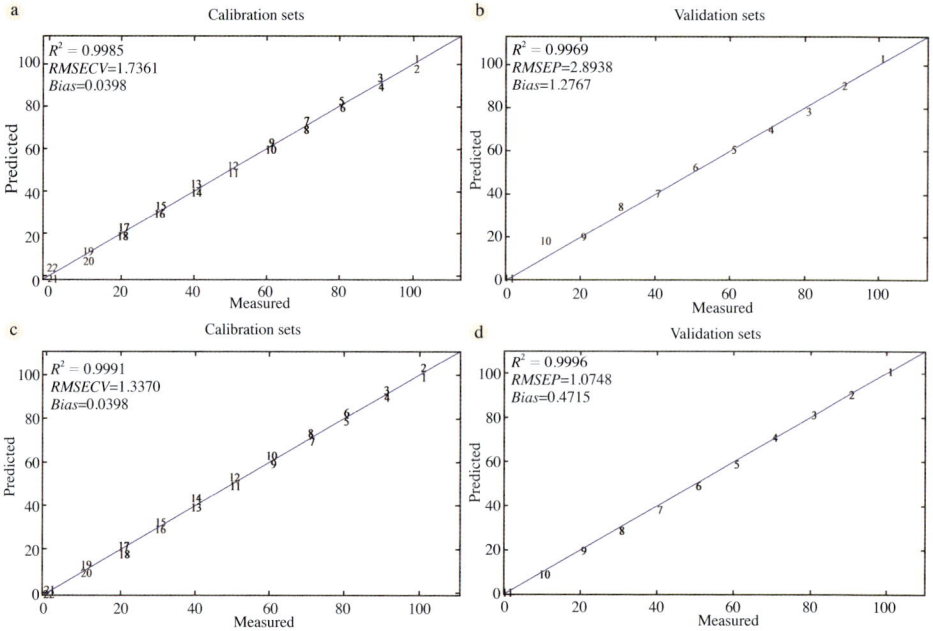

图3-22　用siPLS的方法检测金线莲样品中掺杂斑叶兰（a、b）和血叶兰（c、d）的训练集和预测集的掺假水平（%）

理方法和变量选择可以有效提高模型的性能。由此可知，近红外光谱结合化学计量学方法为鉴定和量化金线莲中的掺假提供了一种简单、快速和可靠的方法。

三、ITS2 鉴别

　　DNA 条形码是使用标准基因座的短DNA序列来作为物种识别工具的，此方法不受物种发育阶段（叶、种子、花等）和药材状态（原料药或粉末）的影响，已被广泛用于药用植物和药材的鉴定。第三届国际生命条形码联盟（CBOL）提出，matK 和rbcL 序列作为国际通用条形码序列，ITS/ITS2序列和psbA-trnH 作为补充序列。然而，DNA 条形码未被用于鉴定药用植物金线莲及其掺假物。在本研究中，选择psbA-trnH、matK 和ITS2 作为DNA 条形码并且发现ITS2能有效鉴定金线莲及其掺假物。

（一）扩增和测序成功

　　本研究中，12个样品分别来自福建、浙江、江西、贵州、广西和台湾，其中8个是金线莲（*Anoectochilus roxburghii*）、2个是台湾金线莲（*Anoectochilus formosanus*）、1个是血叶兰（*Goodyera schlechtendaliana*）和1个是斑叶兰（*Ludisia discolor*）。另外，*Anoectochilus geniculatus*、*Anoectochilus albolineatus*、*Anoectochilus lylei*的ITS2序列从GenBank下载（表3-27）。

表3-27　植物样品

编号	基原植物	经度（东经）	纬度（北纬）	来　源	GenBank登录号
1	*Anoectochilus roxburghii*	117°13′	24°36′	福建南靖	KR815836
2	*Anoectochilus roxburghii*	117°10′	25°44′	福建永安	KR815837
3	*Anoectochilus roxburghii*	116°02′	25°12′	福建武平	KR815838
4	*Anoectochilus roxburghii*	119°12′	27°45′	浙江庆元	KR815828
5	*Anoectochilus roxburghii*	120°08′	27°51′	浙江文成	KR815829
6	*Anoectochilus roxburghii*	115°11′	25°03′	江西安远	KR815830
7	*Anoectochilus roxburghii*	108°10′	26°14′	贵州雷山	KR815831
8	*Anoectochilus roxburghii*	110°20′	22°43′	广西北流	KR815832
9	*Anoectochilus formosanus*	120°49′	24°36′	台湾苗栗	KR815833
10	*Anoectochilus formosanus*	120°47′	23°51′	台湾南投	KR815839
11	*Ludisia discolor*	117°14′	24°32′	福建南靖	KR815834
12	*Goodyera schlechtendaliana*	119°31′	28°40′	浙江武义	KR815835
13	*Anoectochilus geniculatus*	—	—	GenBank	JN166059
14	*Anoectochilus albolineatus*	—	—	GenBank	JN166058
15	*Anoectochilus lylei*	—	—	GenBank	JN166060

从样品中分离出总基因组DNA，从台湾金线莲得到的ITS2序列的PCR扩增率为100%。使用ITS2和psbA-trnH条形码的PCR获得高质量双向序列。matK的测序质量差于其他两个位点，但是仍然产生完整的序列。比对结果表明，8个金线莲和2个台湾金线莲样品的psbA-trnH序列没有任何变异位点。对于这两个物种，psbA-trnH序列较少发散，因此不适合进行物种鉴定。matK序列也缺少变异位点，表明该基因座不适合区分两个物种。然而，所有12个样本中，ITS2序列成功鉴定4个物种。因此，ITS2条形码可用于深度分析。

（二）序列分析和种间/种内变异

在本研究中，所有12个ITS2序列均得自金线莲、台湾金线莲、血叶兰和斑叶兰物种。从GenBank（JN 166059、JN 166058、JN 166060）下载了 *A. geniculatus*、*A. albolineatus* 和 *A. lylei* 的ITS2序列。所有15个ITS2序列都包括在最终分析中。这些序列的特征总结在表3-28中。金线莲、台湾金线莲、*A. geniculatus*、*A. albolineatus* 和 *A. lylei* ITS2序列的长度为253bp，（G＋C）平均含量分别为48.37%、48.62%、47.83%、47.83%和48.62%。

表3-28　金线莲及其近缘物种ITS2序列的特征

序列特征	ITS2
A. roxburghii 的长度（bp）	253
A. formosanus 的长度（bp）	253
L. discolor 的长度（bp）	250
G. schlechtendaliana 的长度（bp）	252
A. geniculatus 的长度（bp）	253
A. albolineatus 的长度（bp）	253
A. lylei 的长度（bp）	253
A. roxburghii 中（G＋C）平均含量（%）	48.37
A. formosanus 中（G＋C）平均含量（%）	48.62
L. discolor 中（G＋C）平均含量（%）	50.00
G. schlechtendaliana 中（G＋C）平均含量（%）	49.60
A. geniculatus 中（G＋C）平均含量（%）	47.83
A. albolineatus 中（G＋C）平均含量（%）	47.83
A. lylei 中（G＋C）平均含量（%）	48.62

血叶兰和斑叶兰ITS2序列的长度分别为250 bp 和252 bp。其（G＋C）平均含量分别为50.00%和49.60%。在ITS2序列中发现了43个核苷酸变异位点，其中包含21个单碱基突变。点突变（48.84%）被嘌呤替换（A为G，G为A；$n=9$）或被嘧啶替换（C为T，T为C；$n=8$），或被嘌呤/嘧啶替换（G为T，T为G，T为A，A为T；$n=4$）（表3-29）。根据K2P模型计算，平均种内遗传距离（0.002 1）远远小于平均种间遗传距离（0.038 0）。结果表明，种内和种间差之间的差异是显著的。

表3-29　15个金线莲种质的变异位点

样　品	位　点										
	6	24	28	33	35	38	41	42	44	50	51
A. roxburghii（南靖）	A	A	G	G	A	G	C	T	T	T	G
A. roxburghii（永安）	A	A	G	G	A	G	C	T	T	T	G
A. roxburghii（武平）	A	A	G	G	A	G	C	T	T	T	G
A. roxburghii（庆元）	A	A	G	G	A	G	C	T	T	T	G
A. roxburghii（文成）	A	A	G	G	A	G	C	T	T	T	G
A. roxburghii（安远）	A	A	G	G	A	G	C	T	T	T	G
A. roxburghii（雷山）	A	A	G	G	A	G	C	T	T	T	G
A. roxburghii（北流）	A	A	G	G	A	G	C	T	T	T	G
A. formosanus（苗栗）	A	A	G	G	A	G	C	T	T	T	C
A. formosanus（南投）	A	A	G	G	A	G	C	T	T	T	C
L. discolor（南靖）	A	G	G	A	T	G	C	G	T	C	G
G. schlechtendaliana（武义）	G	A	T	A	G	G	T	T	C	C	G
A. geniculatus（GenBank）	A	A	G	G	A	T	C	T	T	T	G
A. albolineatus（GenBank）	A	A	G	G	A	T	C	T	T	T	G
A. lylei（GenBank）	A	A	G	G	A	G	C	T	T	T	G

样　品	位　点										
	52	54	55	74	78	81	82	90	105	106	107
A. roxburghii（南靖）	G	C	T	T	T	A	C	C	C	A	A
A. roxburghii（永安）	G	C	T	T	T	A	C	C	C	A	A
A. roxburghii（武平）	G	C	T	T	T	A	C	C	C	A	A
A. roxburghii（庆元）	G	C	T	T	T	A	C	C	C	A	A
A. roxburghii（文成）	G	C	T	C	T	A	C	C	C	A	A
A. roxburghii（安远）	G	C	T	C	T	A	C	C	C	A	A
A. roxburghii（雷山）	G	C	T	C	T	A	C	C	C	A	A

（续）

样 品	位 点										
	52	54	55	74	78	81	82	90	105	106	107
A. roxburghii（北流）	G	C	T	T	T	A	C	C	C	A	A
A. formosanus（苗栗）	G	C	T	T	T	A	C	C	C	A	A
A. formosanus（南投）	G	C	T	T	T	A	C	C	C	A	A
L. discolor（南靖）	A	T	C	T	C	G	T	C	C	A	G
G. schlechtendaliana（武义）	G	T	T	T	C	A	C	C	T	G	A
A. geniculatus（GenBank）	G	C	T	T	T	A	C	T	C	A	A
A. albolineatus（GenBank）	G	C	T	T	T	A	C	T	C	A	A
A. lylei（GenBank）	G	C	T	T	T	A	C	C	C	A	A

样 品	位 点										
	122	145	153	160	168	183	186	192	193	197	198
A. roxburghii（南靖）	G	—	A	T	A	C	T	G	G	A	A
A. roxburghii（永安）	G	—	A	T	A	C	T	G	G	A	A
A. roxburghii（武平）	G	—	A	T	A	C	T	G	G	A	A
A. roxburghii（庆元）	G	—	A	T	A	C	T	G	G	A	A
A. roxburghii（文成）	G	—	A	T	A	C	T	G	G	A	A
A. roxburghii（安远）	G	—	A	T	A	C	T	G	G	A	A
A. roxburghii（雷山）	G	—	A	T	A	C	T	G	G	A	A
A. roxburghii（北流）	G	—	A	T	A	C	T	G	G	A	A
A. formosanus（苗栗）	G	—	A	T	A	C	T	G	G	A	A
A. formosanus（南投）	G	—	A	T	A	C	T	G	G	A	A
L. discolor（南靖）	G	—	T	T	G	T	T	A	A	T	C
G. schlechtendaliana（武义）	A	A	T	T	G	T	C	G	G	T	G
A. geniculatus（GenBank）	G	—	A	A	A	C	T	G	G	A	A
A. albolineatus（GenBank）	G	—	A	A	A	C	T	G	G	A	A
A. lylei（GenBank）	G	—	A	T	A	C	T	G	G	A	A

（续）

样　品	位　点									
	210	215	217	228	229	230	231	237	243	248
A. roxburghii（南靖）	A	T	A	T	A	A	A	C	A	C
A. roxburghii（永安）	A	T	A	T	A	A	A	C	A	C
A. roxburghii（武平）	A	T	A	T	A	A	A	C	A	C
A. roxburghii（庆元）	A	T	A	T	A	A	A	C	A	C
A. roxburghii（文成）	A	T	A	T	A	A	A	C	A	C
A. roxburghii（安远）	A	T	A	T	A	A	A	C	A	C
A. roxburghii（雷山）	A	T	A	T	A	A	A	C	A	C
A. roxburghii（北流）	A	T	A	T	A	A	A	C	A	C
A. formosanus（苗栗）	G	T	A	T	A	A	A	C	A	C
A. formosanus（南投）	G	T	A	T	A	A	A	C	A	C
L. discolor（南靖）	C	T	T	T	—	—	—	T	G	C
G. schlechtendaliana（武义）	G	A	A	C	A	—	—	A	G	T
A. geniculatus（GenBank）	G	T	A	T	A	A	A	C	A	C
A. albolineatus（GenBank）	G	T	A	T	A	A	A	C	A	C
A. lylei（GenBank）	G	T	A	T	A	A	A	C	A	C

（三）ITS2条形码和NJ分析树的物种鉴定能力

使用BLAST1和最近距离法作为两种鉴别方法来评估条形码序列在给定样品中区分物种的能力。结果表明，ITS2在物种水平上使用BLAST1和距离鉴别方法表现良好。NJ树是一种理想的分析方法，可以将ITS2序列结果以图形表示，特别是当它们紧密相关时，它可以有效地确定给定基因组合的功能，以区分物种。本研究中，NJ树证明了金线莲样品聚类成一个进化枝，而台湾金线莲、*A. geniculatus*、*A. albolineatus*、*A. lylei*、血叶兰和斑叶兰聚集成自己的进化枝（图3-23）。因此，NJ树明确区分了金线莲和与其密切相关的物种。总体而言，这项研究表明ITS2是高效且有效的。

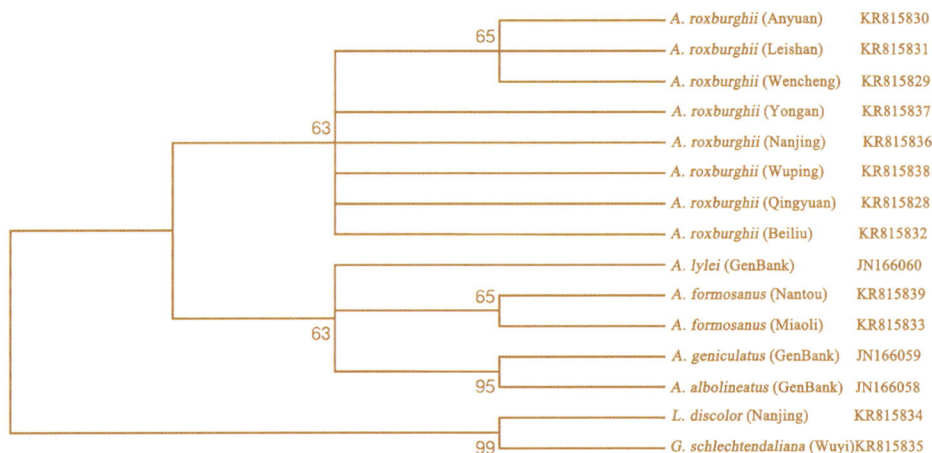

图3-23 基于ITS2序列构建的金线莲及其混伪品的NJ系统发育树

（四）ITS2序列的二级结构

为了识别物种，不仅要关注ITS2主要序列的分歧，还要关注ITS2二级结构的变化。根据Koetschan等（2010）建立的ITS2数据库，金线莲及其掺杂物的ITS2二级结构含有1个中心环和4个相似的螺旋链：螺旋链Ⅰ、Ⅱ、Ⅲ和Ⅳ。此外，螺旋链Ⅲ相对较长，如图3-24所示。不同物种的二级结构形成了环形数量、大小和轨迹多样化，以及不同角度（从螺旋臂中心）的螺旋链。分析ITS2二级结构后，它们的差异主要出现在螺旋链Ⅰ和Ⅲ中。台湾金线莲的

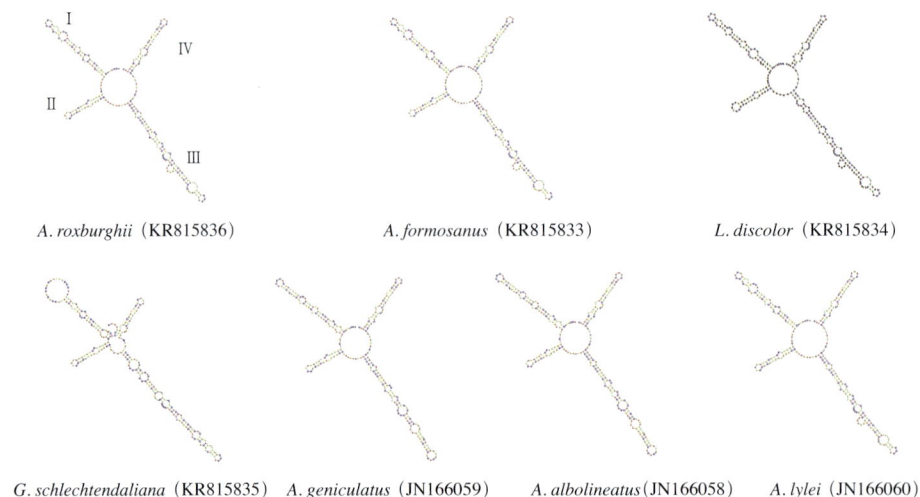

A. roxburghii（KR815836）   A. formosanus（KR815833）   L. discolor（KR815834）

G. schlechtendaliana（KR815835） A. geniculatus（JN166059） A. albolineatus（JN166058） A. lylei（JN166060）

图3-24 金线莲及其混伪品ITS2序列的二级结构

二级结构表明，螺旋链 I 与其他螺旋链不同，血叶兰的二级结构与金线莲接近，但它仍然可以通过螺旋链Ⅳ进行区分。斑叶兰的二级结构在螺旋链 I 中含有小的中心环和一个大环。因此，通过比较ITS2二级结构，可以在分子水平上区分金线莲及其掺杂物。

使用短DNA区域的DNA条形码识别金线莲及其近缘属是快速准确的，这在分子水平上是更精确的鉴定方法。本研究中，根据生命条形码联盟（CBOL）的规定，3个DNA区域、ITS2、psbA-trnH和matK被认为是植物的基础DNA条形码。然后，通过PCR扩增检测这3个DNA区域区分金线莲及其掺杂物的能力。但相对于psbA-trnH或matK，只有ITS2序列能在种间水平上更好地区分。DNA条形码必须同时包含足够的变异性用于物种鉴定和足够的保守区域用于设计通用引物。matK序列属于叶绿体基因组序列，通过母系单亲遗传；因此，构建的分支关系往往不能真正反映物种内的进化方向。同时，matK序列扩增成功率较低，psbA-tmH序列缺少变异位点，因此没有选择进一步的试验。然而，在鉴定其他物种时，应使用3种不同的DNA条形码。结果表明，ITS2序列证明完全符合这些要求，可作为新的技术手段和基础。鉴定中药的新方法应该着重于准确性、数字化、可重复性、简便和实用性。DNA序列识别技术与传统方法相比具有重要意义。该结果从三方面强调使用DNA条形码ITS2序列的优势：第一，ITS2序列提供了一种精确简单的中药材鉴定方法，补充了传统鉴定方法；第二，对不同稀有中药材之间物种关系的探索有重要的参考价值；第三，DNA测序技术可用于中药材资源质量控制。一些研究使用DNA条形码法鉴定中药材，例如铁皮石斛、筋骨草和白芍，证明了ITS2序列的稳定性和保守性。本研究首次使用DNA条形码分子生物鉴定方法鉴定金线莲及其混伪品，扩大了ITS2序列在药用植物领域的应用，并确保了临床用药安全性。总之，ITS2作为一种DNA条形码将会开拓和加深对植物资源分类和系统发育的理解。可以收集和整理ITS2的相关数据进一步试验，并建立物种分类和进化信息的DNA文库。所以，此技术还有很大的发展空间和前景。

第四章

金线莲
优良品种选育与
种苗繁育

在金线莲的栽培过程中，良种是核心，是生产优质药材的基础。通过人工选育，能达到相对稳定的遗传特性，并在生物学、形态学和经济性状上具有相对一致性的作物群体，才可称为品种。选育出的金线莲新品种必须具有特异性、一致性和稳定性3个基本特性（DUS），即本品种具有1个至多个不同于其他品种的形态特征或生理特征；品种群体中植株个体间的生物学性状和产品主要经济学性状要整齐一致；在同一生态区的不同地区以及不同年份的生产和繁育过程中，能够保持品种的特异性和一致性。

品种选育是实现金线莲产业化和走向国际市场的根本保证，也是提高和稳定金线莲产量和品质的重要途径。利用杂交方法培育优良品种以达到提高产量、改善品质的目的，是当前农业最常用的育种手段之一。杂交育种，即将两个或多个品种的优良性状通过交配集中在一起，再经过选择和培育获得新品种。杂交育种可以将双亲控制不同性状的优良基因结合于一体，或将双亲中控制同一性状的不同微效基因积累，产生该性状优于亲本的类型。

第一节　金线莲优良品种选育

近年来，许多学者对金线莲人工栽培进行了研究，在种苗培育、组培苗移栽、设施栽培等关键技术上取得突破性进展，但是关于生殖生物学和传粉生物学等方面的研究报道却不多见。花序的结构及其开放进程、花粉和柱头活力等植物繁育系统的特性决定着传粉和授粉等有性生殖过程，从而影响生殖效率。可以通过对金线莲两种基原植物进行花粉活力和柱头可授性试验分析、开花生物学特性观察和人工授粉初步试验，探讨其生殖生物学特性，为金线莲新品种的选育和良种繁育工作提供科学依据。

一、开花结实特性研究

金线莲和台湾金线莲是金线莲的两种基原植物，其中金线莲植株高8～

18cm，根茎细软；茎圆筒形，先端直立，基部呈匍匐状，茎节明显；叶互生具柄，椭圆形，叶片上面暗紫色或黑紫色，具金红色绢丝光泽的网脉，背面淡紫红色；花为完全花，总状花序具有2～6朵松散的花，花苞片淡红色，卵状披针形。台湾金线莲植株高10～20cm，根茎细软；茎肉质，圆柱形，先端直立，基部呈圆形，茎节明显；叶互生具柄，椭圆形，叶片上面呈茸毛状墨绿色，具白色的网脉，背面淡红色；花为完全花，总状花序具有3～5朵松散的花，花苞片红褐色，卵状披针形。金线莲和台湾金线莲的花期为11月下旬，开花顺序是从花序基部的花朵先开，渐次开向花序顶端，相邻两朵花开花时间较接近或同时开放。开花时花瓣先裂开，然后中萼片、侧萼片一并翘起，最后每侧5～8条流苏线体舒展张开，直至花朵完全开放。金线莲和台湾金线莲从第一朵花开放到最后一朵花开放所需要的时间将近一个月，开花受温度、湿度影响较显著，一般来说晴天气温较高，开花较多；雨天和阴天，气温较低，开花较少。

（一）不同时期的花粉活力测定结果

用TTC法测定花粉活力，其染色效果不佳。过氧化物酶法染色效果较好，有活力的花粉呈红色，无活力的花粉保持固有的黄色。不同时期的金线莲两种基原植物花粉活力存在显著差异，从总体上看，表现出先上升后下降的趋势（图4-1、图4-2）。花粉活力直接影响授粉、受精及种子结实率。结果表明，金线莲和台湾金线莲散粉当天花粉就具有活力，花粉活力表现出先上升后下降的趋势，随着雄蕊的发育，花粉活力上升，第3天最强，随后花粉活力迅速下降，且下降幅度较大。

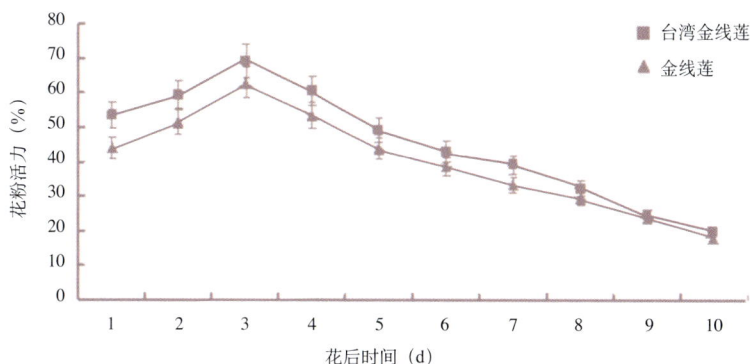

图4-1 金线莲不同时期的花粉活力

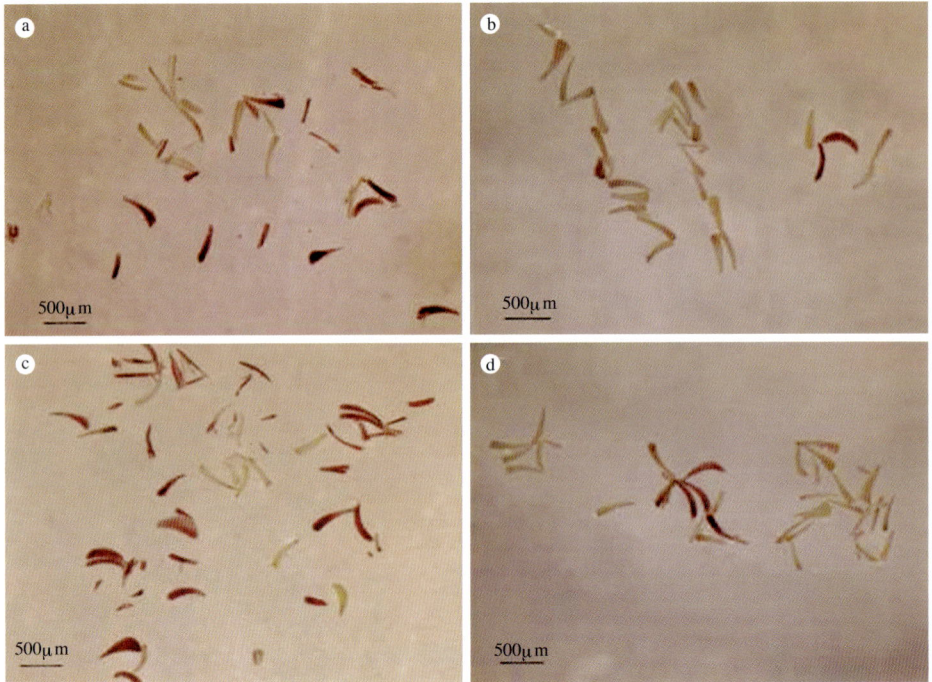

图4-2 过氧化物酶法测定金线莲花粉活力结果

a.第2天金线莲花粉活力 b.第10天金线莲花粉活力
c.第2天台湾金线莲花粉活力 d.第10天台湾金线莲花粉活力

（二）不同储藏条件下花粉活力测定结果

储藏温度与储藏时间对金线莲两种基原植物花粉活力存在显著影响，随着储藏时间的延长，花粉活力降低，其中室温条件下花粉活力下降最快，4℃和-20℃条件花粉活力下降较缓。比较发现，4℃冰箱储藏可适当延长花粉活力，储藏10d后，金线莲和台湾金线莲花粉活力仍保持在30%以上（图4-3）。此外，两者花粉

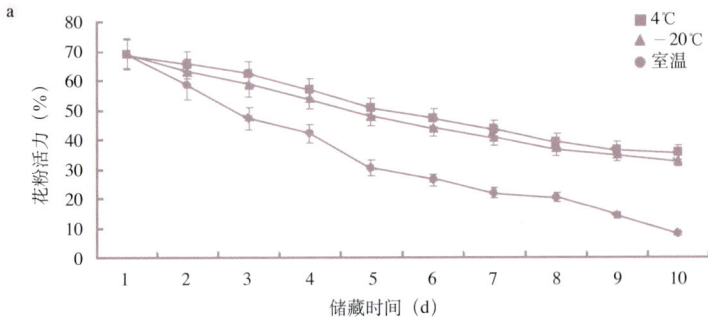

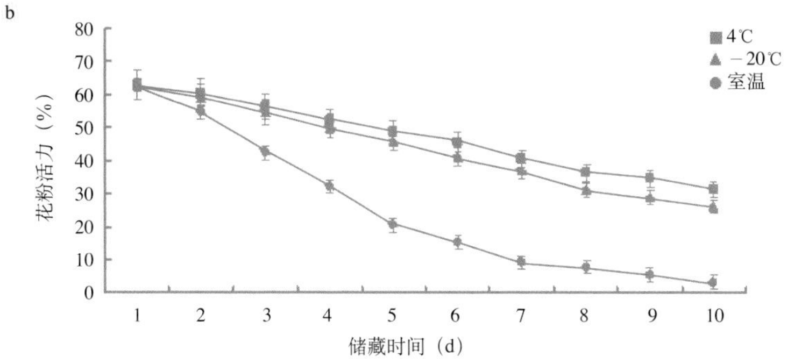

图4-3　不同储藏条件下台湾金线莲和金线莲花粉活力
a.台湾金线莲　b.金线莲

活力在同样储藏条件下也存在一定的差异。金线莲在室温条件下储藏花粉活力下降幅度最大，而置于4℃保鲜储藏，其花粉寿命得到适当延长。台湾金线莲花粉活力在室温下储藏8d仍高于20%，其活力高于同期金线莲，降低幅度相对较小。

（三）柱头可授性检测结果

台湾金线莲的柱头可授期较金线莲长（表4-1，图4-4）。柱头可授性的强弱与过氧化物酶活性有关，并与柱头形态特征之间具有相关性。不同植物的柱头可授期所持续的时间不同，从几小时到十几天不等，花期的长短、开花后的天数及柱头分泌物的有无等对其均有重要影响，甚至柱头长短不同的同一种植物其柱头可授性也有差异。结果表明，金线莲和台湾金线莲柱头于开花后当天就具有可授性，第4天最强，随后逐渐降低，开花第8天，金线莲不具可授性，而台湾金线莲在开花第10天不具可授性。因此，在开花第4天对金线莲植株柱头进行人工辅助授粉，有利于提高人工授粉的成功率。

表4-1　金线莲柱头可授性评价

种　类	采集时间	染色反应	柱头可授性评价
	当天	产生少量气泡，60s后柱头着色呈浅蓝色	+
	第2天	产生中量气泡，30s后柱头着色呈深蓝色	+ +
金线莲	第4天	产生大量气泡，30s后柱头着色呈深蓝色	+ + +
	第6天	产生少量气泡，60s后柱头着色呈浅蓝色	+
	第8天	不产生气泡，柱头不着色	−
	第10天	不产生气泡，柱头不着色	−

种　类	采集时间	染色反应	柱头可授性评价
台湾金线莲	当天	产生少量气泡，60s后柱头着色呈浅蓝色	+
	第2天	产生中量气泡，30s后柱头着色呈深蓝色	+ +
	第4天	产生大量气泡，30s后柱头着色呈深蓝色	+ + +
	第6天	产生中量气泡，30s后柱头着色呈深蓝色	+ +
	第8天	产生少量气泡，60s后柱头着色呈浅蓝色	+
	第10天	不产生气泡，柱头不着色	−

注：−表示柱头不具有可授性；+表示柱头具有可授性；+ +表示柱头具有较强可授性；+ + +表示柱头可授性最强。

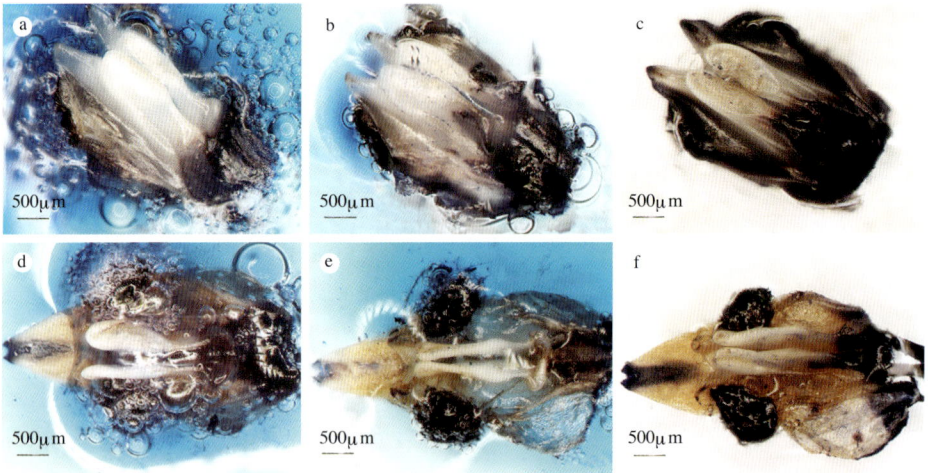

图4-4　联苯胺-过氧化氢法测定金线莲柱头可授性结果

a.开花第4天金线莲柱头可授性　　b.开花第6天金线莲柱头可授性

c.开花第10天金线莲柱头可授性　　d.开花第4天台湾金线莲柱头可授性

e.开花第8天台湾金线莲柱头可授性　　f.开花第10天台湾金线莲柱头可授性

（四）结实特征调查结果

金线莲授粉成功后，花瓣开始萎缩，随后子房膨胀，形成果实。金线莲的果实在成熟过程中，内部种胚的颜色由乳白浆状逐渐转变成金黄色的丝状。不同授粉方式对金线莲结实率影响显著，金线莲和台湾金线莲自然授粉均不结实，人工异株异花授粉和人工同株异花授粉的结实率远远高于人工自花授粉，其中台湾金线莲人工异株异花授粉结实率最高，为66.3%（表4-2）。

表4-2　不同授粉方式结实特征比较

种　类	授粉方式	授粉花朵数（朵）	结实个数（个）	败育果实数（个）	结实率（%）
金线莲	人工异株异花授粉	87	54	33	62.1
	人工同株异花授粉	80	47	33	58.8
	人工自花授粉	90	6	84	6.6
	自然授粉	100	0	100	0
台湾金线莲	人工异株异花授粉	89	59	30	66.3
	人工同株异花授粉	84	50	34	59.5
	人工自花授粉	91	7	84	7.7
	自然授粉	100	0	100	0

利用金线莲和台湾金线莲花粉活力和柱头可授性特点，采集花后第3天的花粉对花后第4天的柱头进行授粉处理。人工异花授粉结实率高于50%，而人工自花授粉的结实率低于10%。人工异花授粉可彻底解决金线莲结实率低的问题，对于金线莲种质资源保护与种质资源创制具有重要的理论价值与现实意义。

二、杂交障碍及幼胚拯救

（一）人工杂交

共有200朵圆叶金线莲花（图4-5）和200朵尖叶金线莲花（图4-6）作为人工杂交试验亲本。母本花去雄和套袋。从父本新盛开的花朵收集新鲜的花粉，用牙签授粉。授粉后，立刻套袋处理。随后，根据花粉萌发和胚发育的研究需要，定期收集授粉后的花，留作观察和评估。

（二）花粉萌发和花粉-雌蕊相互作用

为了观察花粉在柱头上的发芽过程及柱头和花粉之间的相互作用，从

图4-5 圆叶金线莲
a.叶 b.花

图4-6 尖叶金线莲
a.叶 b.花

授粉后1d、7d、14d、21d、28d、35d、42d和49d（以下简称为DAP）收集的样品中选10朵花用福尔马林溶液（FAA）（福尔马林：乙酸：50%乙醇＝1：1：18）固定48h以上。样本自花中小心剥离，浸入1mol/L NaOH溶液24h，用无菌水冲洗3次（每次30min），然后置于载玻片上，用0.1%苯胺溶液染色，置于连接数码相机的荧光显微镜下观察并捕获图像。

两种叶形金线莲花的颜色和花期相似。然而，尖叶金线莲的叶片长宽比为1.43，茎的直径为3.20mm，叶片颜色为暗绿色，有紫色网脉；而圆叶金线莲叶片长宽比为1.13，茎的直径为3.72mm，叶片颜色为暗绿色，有金红色网脉。此外，与圆叶金线莲相比，尖叶金线莲花的长和宽相对较大（表4-3）。

表4-3　两种叶形金线莲形态学比较

主要性状	尖叶金线莲	圆叶金线莲
叶片颜色	深绿色，有紫色网状脉	深绿色，有金红色网状脉
叶片长度（cm）	3.50 ± 0.21	2.83 ± 0.15
叶片宽度（cm）	2.45 ± 0.17	2.51 ± 0.10
叶片长宽比	1.43	1.13
茎的直径（mm）	3.20 ± 0.31	3.72 ± 0.43
花的颜色	白色	白色
花长度（cm）	1.67 ± 0.04	1.40 ± 0.02
花宽度（cm）	1.59 ± 0.04	1.38 ± 0.01
花长宽比	1.05	1.01
花期	10 ～ 11 月	10 ～ 11 月

在尖叶金线莲（雌蕊受体）× 圆叶金线莲（授粉）杂交中，在1 DAP观察到花粉开始萌发（图4-7a），并且花粉粒中出现花粉管（图4-7b）；在7 DAP，几个花粉管到达柱头的中部和底部（图4-7c）；在35 DAP，花粉管到达胚囊（图4-7d）。

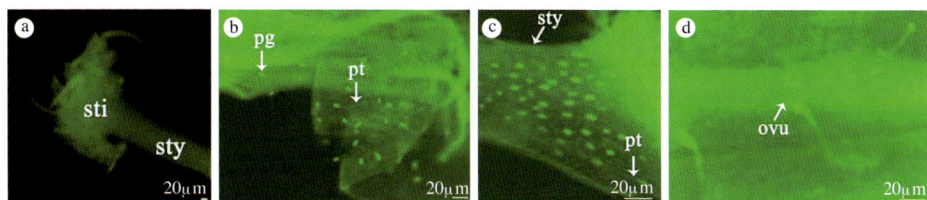

图4-7　尖叶金线莲 × 圆叶金线莲杂交中花粉萌发、花粉管生长和受精

a.1 DAP柱头形态　b.1 DAP花粉萌发与花粉管生长　c.7 DAP花粉管生长　d.35 DAP花粉管进入胚珠
sti：柱头　sty：花柱　pg：花粉粒　pt：花粉管　ovu：胚珠

圆叶金线莲（雌蕊受体）× 尖叶金线莲（授粉）杂交，在1 DAP很容易观察到柱头的形态（图4-8a），少数花粉附着在雌花柱头上（图4-8b）；在7 DAP，花粉粒的数量持续上升，花粉粒迅速穿梭（图4-8c）；与尖叶金线莲 × 圆叶金线莲杂交不同，圆叶金线莲作为母本进行杂交时，花粉管在28 DAP已经到达胚囊。

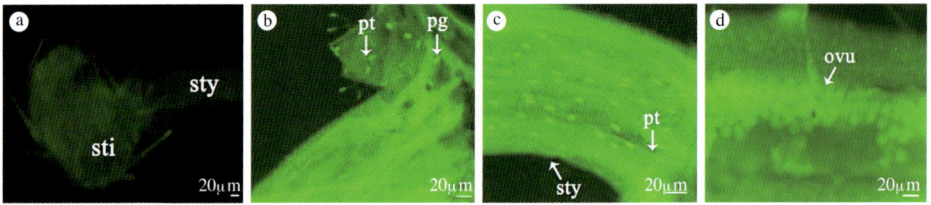

图4-8　圆叶金线莲 × 尖叶金线莲杂交中花粉萌发、花粉管生长和受精

a.1 DAP 柱头形态　b.1 DAP 花粉萌发和花粉管生长　c.7 DAP 花粉管生长　d. 28 DAP 花粉管穿透胚珠

sti：柱头　sty：花柱　pg：花粉粒　pt：花粉管　ovu：胚珠

（三）授粉后的胚胎发育

观察授粉后幼胚的发育过程，从30 DAP开始每5d采集10朵花，持续45d。将采集的花固定在FAA固定液中至少48h以检查胚和胚乳的发育情况。小心地从雌蕊剥离出子房，经一系列乙醇脱水，二甲苯渗透，包埋于石蜡中。用旋转切片机制备6～10μm厚的切片，将切片贴在载玻片上，用番红染色，然后观察并拍照。此外，每过一个时间点使用连有数码相机的体视显微镜检查子房，并计算正常胚胎的占比。

胚珠为薄珠心，整个胚囊周围只有一层小珠心表皮细胞，该胚囊的发育是典型的蓼型胚囊［雌配子体细胞为7个细胞组成的8核多边形胚囊，包括1个卵细胞，1个中央细胞（有2个极核），2个助细胞和3个反足细胞］。反足细胞位于合点或稍微接近中心，小而趋于退化。在受精之前，两个极核大部分融合在一起形成一个次级核。由于反足细胞在胚囊中的存活时间不长，因此它们只能在受精前的卵器和中央细胞中看到。

在尖叶金线莲 × 圆叶金线莲杂交35 DAP，双受精开始发生，此时花粉管通过退化的助细胞进入胚囊，并在助细胞的附近释放了两个精子。此后，这两个精子分别融合于卵核和极核，即完成了双受精过程。受精卵休眠2～3d实现第一次分裂。此时，受精卵有明显的极性，导致一次不对称分裂。在尖叶金线莲 × 圆叶金线莲杂交40 DAP，受精卵形成大小不同的两个细胞。受精卵附近的细胞，称为顶端细胞，小而且有浓厚的细胞质；近珠孔端的细胞，称为基底细胞，有多个细胞内液泡。顶端细胞参与了胚形成，基底细胞形成胚柄，但胚发育仅限于球形胚阶段。在55 DAP，球形胚刚形成，70 DAP球形胚发育完全，此时败育胚占比为60.2%（表4-4）。败育主要发生在胚发育早期，并逐渐降低正常胚的占比。败育胚的占比随着DAP增加而增大，在75 DAP，细胞核分裂随着胚发育逐渐消失，尖叶金线莲×圆叶金线莲杂交中正常胚的占比仅为7.4%。胚乳发育早于胚发育。虽然金线莲有正常的双受精，但是初生胚乳核分裂只有2~3次，然后终止。随着胚发育，55 DAP胚乳开始解体，导致随后的胚败育。

在相同条件下，圆叶金线莲×尖叶金线莲杂交表明双受精的类似过程开始于30 DAP，35 DAP受精卵分裂为顶细胞和基细胞。在目前的研究中，受精卵的第一次分裂是水平的，产生足细胞和根尖细胞；足细胞第二次水平分裂产生中间细胞和胚柄的原始细胞，多次分裂之后顶端细胞和中间细胞形成胚体。此外，可以看出，50 DAP球形胚形成，但败育胚的占比迅速随时间增加。随着胚发育，在50 DAP胚乳开始解体。在60 DAP，败育胚的占比为46.8%，70 DAP达到57.9%（表4-4）。胚发育的结果与尖叶金线莲×圆叶金线莲杂交大致相同。

表4-4 授粉后不同阶段两种金线莲杂交胚胎发育情况

杂交	授粉后天数 (d)	胚珠数	正常胚胎数	正常胚胎占比 (%)	败育胚胎数	败育胚胎占比 (%)
尖叶金线莲 × 圆叶金线莲	45	116	57	49.1	40	34.5
	50	120	51	42.5	43	35.8
	55	110	45	40.9	41	37.3
	60	132	42	31.8	64	48.5
	65	124	40	32.3	63	50.8
	70	118	21	17.8	71	60.2
	75	108	8	7.4	89	82.4
圆叶金线莲 × 尖叶金线莲	45	105	55	52.4	32	30.5
	50	120	48	40.0	41	34.2
	55	114	41	36.0	45	39.5
	60	109	34	31.2	51	46.8
	65	115	30	26.1	58	50.4
	70	121	17	14.0	70	57.9
	75	101	12	11.9	81	80.2

（四）幼胚拯救

选择授粉后50~55d的幼胚，剥离出完整子房。在超净工作台上将剥离出的完整子房在75%乙醇（*V/V*）中浸泡30s，在0.1%氯化汞溶液（*m/V*）中浸泡灭菌10min，在无菌水中洗涤4~5次。通过观察尖叶金线莲与圆叶金线莲的杂交情况，在 MS 培养基及1/2 MS 培养基的基础上分别加入0.5mg/L 6-BA（6-苄氨基嘌呤）/1.0mg/L 6-BA，0.2mg/L NAA（萘乙酸）/0.4 mg/L NAA，以筛选出最优质的启动培养基和壮苗培养基。用接种针依次剥离子房壁和珠被，将剥离的幼胚迅速插入启动培养基，用HCl或NaOH调节pH至5.8，在（23±2）℃的黑暗中诱导幼胚生长。随着胚胎萌发生长，将其转移到光照环境下 [40μmol/($m^2 \cdot s$)]，在14h/10h（光照/黑暗）中交替种植。当外植体出现幼芽之后，切除顶芽并插入壮苗培养基，在（23±2）℃的环境温度、14h/10h（光照/黑暗）条件下快速繁殖。

在尖叶金线莲和圆叶金线莲的杂交中，选择早期的球形胚进行胚胎拯救（图4-9a、图4-10a）。对于杂交中胚的产生，影响到胚胎成功发育的最关键因素是其发育时间段及各阶段培养基的成分。在1/2 MS培养基中添加1.0mg/L 6-BA 和0.2mg/L NAA，即启动培养基，来诱导胚生长效果最佳（图4-9b、图4-10b）。在最后一步中，试管苗快速繁殖通过在1/2 MS培养基中添加1.0mg/L 6-BA、1.0mg/L NAA、100g/L香蕉泥和1.0g/L活性炭（图4-9c、图4-10c）来实现，即壮苗培养基，成功诱导胚胎再生。

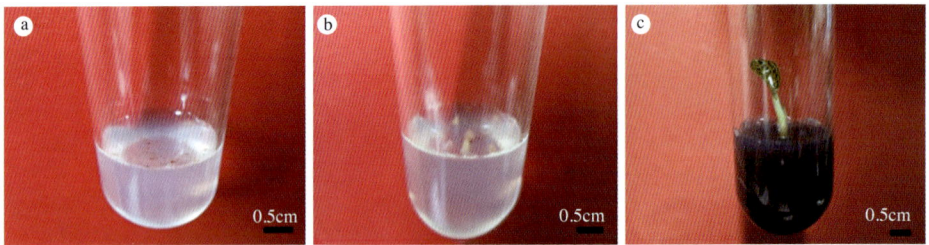

图4-9　尖叶金线莲 × 圆叶金线莲杂交中胚拯救和植株再生
a. 55 DAP 幼胚培养　b. 幼胚萌发，在1/2 MS 培养基中添加1.0 mg/L 6-BA 和0.2mg/L NAA
c. 再生苗的快速繁殖，1/2 MS培养基中添加1.0mg/L 6-BA、1.0mg/L NAA、100g/L香蕉泥和1.0g/L活性炭

金线莲种内杂交是不同品种金线莲个体间的有性交配，从广义上来看，按照叶片形态划分为尖叶金线莲和圆叶金线莲。尖叶金线莲叶先端渐尖或凸形，有茸毛，正面暗紫色和背面浅红色。此外，由于尖叶金线莲中的活性化合物含量相对较高，其已成为主栽品种。然而，尖叶金线莲植株幼苗品质、抗病性及生长发育质量已经由于无性繁殖的长期遗传逐渐下降。相比之下，圆叶金线莲具有特征性的圆形叶先端，叶片正面褐色，背面紫红色。尽管圆叶金线莲

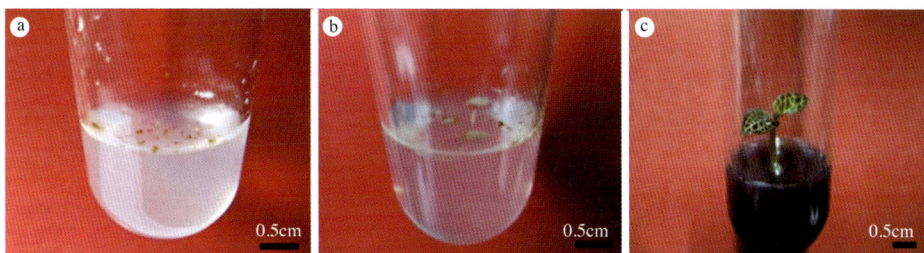

图4-10　圆叶金线莲 × 尖叶金线莲杂交中胚拯救和植株再生

a.50 DAP幼胚培养　b.幼胚萌发，1/2 MS 培养基中添加 1.0 mg/L 6-BA 和 0.2 mg/L NAA

c.再生苗的快速繁殖，1/2 MS 培养基中添加 1.0mg/L 6-BA、1.0mg/L NAA、100g/L香蕉和1.0g/L活性炭

活性成分相对于尖叶金线莲较低，但产量高、抗病性强的优良性状使得该品种的应用前景被看好。由于金线莲杂交亲本遗传条件较为接近、亲和力强，故易获得杂种植株。通过合理的亲本选配，产生基因重组和互作，使杂交后代更易出现优于亲本的新品种。

（五）金线莲杂交结实率低的原因

配子体的亲和力是成功受精的前提和基础。当生物活性低的花粉扩散到柱头，可能会增大授粉失败的概率，从而导致结实率降低。在以前的研究中发现，花粉活力呈现出先增加后下降的趋势。花粉脱落时花粉活性为44.2%，花粉脱落后3d花粉活性最高，为62.8%。金线莲柱头的可授性从第1天增加，在第4天达到最大，并在开花后第8天最终消失。因此，亲本配子体不育不是造成尖叶金线莲和圆叶金线莲杂交种子产量低的主要原因。在花粉萌发、花粉管生长这个过程中任何障碍都会降低结实率。这些障碍通常归类为受精前障碍。在目前的研究中，金线莲授粉、受精持续时间是28～35d。正常的过程花粉进入柱头，并带精子细胞进入胚囊，这导致双受精（图4-7、图4-8）。观察到大量的花粉附着在柱头上并正常萌发，雌蕊上无明显胼胝质沉积。此外，大多数的胚珠能成功完成受精。因此，受精前障碍不是尖叶金线莲和圆叶金线莲杂交结实率低的主要原因。

受精后障碍是受精后胚和胚乳发育异常的关键原因。胚乳为幼胚的生长发育提供了必需的营养素。试验中观察到，杂种胚乳的发育明显是不正常的，分裂只有2～3次，然后解体，并最终在球形胚阶段导致胚胎败育。另一个可能的原因是，尖叶金线莲和圆叶金线莲亲本物种的染色体或基因组之间遗传不相容。所有这些都加速了胚乳的退化，促进胚败育。受精后障碍应该是尖叶金线莲和圆叶金线莲杂交结实率低的主要原因。

在胚拯救研究中，不同叶形金线莲杂交的幼胚培养的适当发育阶段是 50～55 DAP。蔗糖是胚培养最常用的碳源，它也可以在介质中帮助维持合适的渗透压。大多数胚不能承受蔗糖浓度太高或太低。一般来说，低浓度的生长调节剂，对幼胚生长有促进作用，但高浓度抑制生长，且可诱导幼胚形成愈伤组织。前人在小麦和玉米的属间杂种胚拯救的研究中，发现根组织形成的早期高浓度的 NAA 能阻止子叶外表形成愈伤组织。同样，在含有激动素的培养基中，胚拯救对离体培养的犬草×正常小麦的杂种胚更有效。6-BA 能促进次生胚和再生植株的形成。绝大多数的胚可以在一个类似的合适温度下培养，但一些植物的胚可能需要特定的温度。在生长初期应避免光照，因为光照可能会导致胚的过早萌发。总之，试验中观察到在尖叶金线莲和圆叶金线莲杂交中的花粉-雌蕊相互作用和杂种胚发育，可以发现受精后障碍是金线莲杂交结实率低的主要原因。然而，胚败育机制尚不清楚，需要进一步的研究。

三、金线莲新品种

金线莲新品种主要有健君1号、金康1号和金兰1号等。

（一）健君1号

健君1号株高 8.1～8.5cm，茎直立，肉质，圆柱形，根状茎匍匐，具节，节上生根，根 3～4 条，根长，根毛多，根系发达。叶片卵圆形，4～5 片，最大叶片长 3.5～3.7cm、宽 2.4～2.6cm。叶正面暗紫红色，具金红色带有绢丝光泽的美丽网脉，网脉多断续，较密，叶背面淡紫红色或紫红色，叶先端近急尖或稍钝，叶柄基部扩大成抱茎的鞘。总状花序，具 2～6 朵花，花白色，不倒置。结实率极低，少见或无蒴果。

（二）金康1号

金康1号前期长势较强，平均株高 10.9cm，茎直立，叶 5～8 片，平均叶长 3.1cm、叶宽 2.4cm，叶片较大，卵形，先端急尖，基部圆形；叶片边缘微波状，叶上面呈鹅绒状绿紫色，具连续、较密的金红色带绢丝光泽的网脉，背面略带淡紫红色；肉质根，须根 3～5 条。全草平均单株鲜重 2.6g。品质经武义中正食品检测有限公司检测，总黄酮含量为 0.62%，多糖含量为 11.3%，金线莲苷含量为8.23%。抗病性经浙江省农业科学院植物保护与微生物研究所鉴定，中抗茎腐病。

（三）金兰1号

金兰1号株高7.6～20.9cm，茎粗3.0～5.5mm。叶正面暗墨绿色、背面淡紫红或紫红色，长2.7～5.3cm，宽2.5～4.2cm。长势旺，茎粗壮，抗病性强，金线莲苷含量高。组培苗林下、大棚均可栽植，种植6个月单株鲜产量为3.53g，比对照（健君1号、金康1号）增产30%以上；金线莲苷含量为162.59mg/g，比对照增加25%以上。对茎腐病、软腐病、猝倒病和炭疽病4种病害均表现为中抗。

第二节　金线莲种苗繁育技术

近年来，中药材人工种植的规模迅速扩大，优质的种苗是实现中药材规范化生产的物质基础和源头，也是确保中药资源可持续利用和形成产业化的前提。实行中药材种苗标准化有利于中药材种苗的优化筛选，为中药材生产提供高质量的种子种苗，从而提高中药材的产量和质量。目前为止，我国只有少量的中药材品种建立了种子种苗标准，但金线莲尚无种苗质量标准，种苗质量堪忧。为解决这些问题，需要加快改善现有金线莲种苗繁育体系，使金线莲种苗市场供求平衡。并对金线莲种苗进行质量分级，制定金线莲的种苗质量参数标准，使金线莲中药材的生产更加规范化。

一、种苗繁育技术

金线莲基原植物蒴果长卵形，褐色，内含有大量的种子，种子极为细小，由未成熟的椭圆形胚及种皮细胞构成，只有在真菌共生情况下，才能促进种子萌发，但发芽率很低。而以传统的分根和扦插方式繁殖，则所需时间长且繁殖倍数不高，很难形成规模。金线莲基原植物种苗繁育技术研究始于 20 世纪80年代，目前主要有种子无菌培养、离体快繁、人工种子繁殖及生物反应器扩繁等几种形式。

（一）种子无菌培养技术

金线莲基原植物种子无菌培养，一般采集未开裂的成熟蒴果，用自来水冲洗干净，用75%乙醇棉擦拭果皮，然后置于10%次氯酸钠溶液中浸泡10~12min，捞出后用无菌水冲洗5~6次，再用解剖针将消毒后的蒴果纵向剖成两半，使用镊子夹取少量种子，撒入培养基中。种子萌发形成原球茎后，原球茎可以直接发育成幼苗，也可以由原球茎产生愈伤组织，再由愈伤组织发育成类原球茎而分化成幼苗。

一般情况下，种子接种在培养基上1~2周后，吸水膨大，种胚突破种皮，出现表皮毛，4~5周时，可见白色原球茎，并于部分原球茎顶端出现分生组织，6周后，原球茎继续生长，表皮毛数量和长度也相应增加，并开始出现第1片叶的形态，持续至10~12周，形成具有1~2片小叶的幼苗。

周伟香等（2007）对种子萌发、原球茎增殖和分化进行研究，发现种子萌发最适条件为光照12h/d，光照度1 000~1 500lx，温度（23±2）℃，液体悬浮培养的转速为60r/min，培养基1/4 MS + NAA 0.1~0.5mg/L + 蔗糖20g/L；原球茎增殖最佳培养基为改良KC + 6-BA 2.0mg/L + NAA 1.5mg/L + KT 0.2mg/L，原球茎分化最佳培养基为改良KC + 6-BA 1.0mg/L + NAA 0.5mg/L。罗安雄等（2012）考察了不同培养基对金线莲幼苗生长的影响，发现幼苗生长适宜培养基为1/2 MS + NAA 1.0mg/L + 6-BA 2.0mg/L。何荆洲等（2014）比较了培养基成分、植物生长调节剂组合及添加物对金线莲无菌播种膨大率和萌发率的影响，结果表明，种子在WPM培养基上的膨大萌发率最高；适当添加NAA和有机物对种子的膨大萌发有促进作用。

此外授粉类型对金线莲种子萌发影响较大，异株异花授粉所得种子的萌发率最高，种子的萌发率随冷藏时间的延长而降低，使用次氯酸钠浸泡后的种子与对照相比，其萌发率无明显差异。

（二）离体快繁技术

影响金线莲基原植物离体快繁的因素比较多，如外植体的选择、基本培养基、植物生长调节剂成分及含量、有机添加物、光照、温度等。

江建铭等（2009）比较了茎上段（具茎尖）、茎中段和茎下段（匍匐茎段）等外植体材料对不定芽诱导的影响，发现以不含顶芽和长根的中间段茎节为外植体的平均芽增殖率最高。杨玉红等（2011）以金线莲根状茎、幼茎、叶片和离体胚为外植体诱导愈伤组织，结果表明，根状茎和幼茎作为外植体更易诱导形成愈伤组织。冯亦平等（2009）也发现叶片愈伤组织诱导率极低，且分化周期长，后期不易形成不定芽，茎片诱导率较高，且培养周期较短。张福生和郭顺星（2009）采用 SPSS 正交设计研究6-BA、NAA对茎尖与茎段生长及分化的影响，发现6-BA和NAA之间存在较强的交互效应。李艳冬等（2013）研究表明，一定浓度的NAA有利于芽的萌发，并有利于芽体萌发后的生长，过高浓度的NAA则对芽的萌发起到明显的抑制作用，随着6-BA浓度的增加，芽的增殖数逐渐增加，但是当6-BA的浓度超过一定范围后，虽然增殖的芽体数较多，但是芽体瘦弱，不利于成苗培养。王建明等（2013）发现培养基中适当添加有机物如香蕉汁、蛋白胨对增殖及壮苗有促进作用。金线莲离体快繁过程中，在芽诱导和继代增殖前期用微光培养，有利于芽的分化，在增殖后期适当增强光照，会使芽体较粗壮，生根过程中加强光照，能使植株粗壮，提高苗的质量。组培室温度在 23℃ 左右时植株长势良好，当温度超过28℃或低于18℃时，植株生长受到抑制，而温度超过35℃时，植株死亡。Zhang等（2015）建立了金线莲种苗规模化快繁技术体系，以带节茎段为外植体，培养条件为光照14h/d [40μmol/(m² · s)]，温度（23±2）℃，诱导培养基为1/2 MS + 6-BA 1.5mg/L，增殖培养基为 1/2 MS + 6-BA 3.0mg/L + KT 1.0mg/L + NAA 0.5mg/L，生根培养基为1/2 MS + NAA 0.6mg/L + IBA 0.3mg/L + 香蕉汁100g/L（图4-11）。何碧珠等（2013）通过萌发的芽体上的茎尖和茎段分别诱导愈伤组织和原球茎，建立金线莲的无菌培养体系，筛选出茎段诱导芽体萌发、茎尖诱导原球茎、原球茎继代增殖、愈伤组织诱导丛生芽、丛生芽继代增殖，以及幼苗生根培养最适宜培养基配方。刘润东等（2006）对金线莲组培苗和野生植株的营养成分进行比较，结果表明，组培苗的含水量及维生素C、粗蛋白、粗脂肪含量高于野生植株，而野生植株灰分和总糖分含量高于组培苗。

此外金线莲不同基原植物由于生理特性不同，在相同的培养条件下，生长情况存在差异，因此其诱导培养基、增殖培养基及生根培养基各有不同。

（三）人工种子繁殖技术

利用组织培养虽然能在一定程度上解决金线莲基原植物种苗快繁问题，但组培苗生产周期长、成本高、移栽驯化过程长。通过人工种子繁殖技术，将离体培养中产生的体细胞胚或能发育成完整植株的分生组织包埋在含有营养物

图4-11　金线莲离体快繁生长过程

a.茎段（外植体）　b.丛生芽诱导（1/2 MS+6-BA 1.5mg/L）　c.丛生芽增殖（1/2 MS+6-BA 3.0mg/L+KT 1.0mg/L+NAA 0.5mg/L）　d、e.生根培养（1/2 MS+NAA 0.6mg/L+IBA 0.3mg/L+香蕉汁100g/L）　f.炼苗

质和具有保护功能的外壳内，为金线莲基原植物种苗产业化生产提供了一条新的途径。

张明生等（2007）通过液体悬浮培养建立金线莲原球茎悬浮系，并以球茎为人工种子的繁殖体，考察人工种皮基质、人工胚乳组分、储藏条件、萌发基质等对人工种子萌发率和成苗率的影响。结果表明，以4%海藻酸钠＋2% $CaCl_2$ ＋2%壳聚糖为人工种皮基质，1/2 MS 液体培养基＋NAA 0.2mg/L＋ GA_3 0.1mg/L＋6-BA 0.5mg/L＋青霉素0.4mg/L＋多菌灵粉剂0.3%＋苯甲酸钠0.2%＋蔗糖1.0%＋活性炭1.0%作为人工胚乳成分制作的人工种子，其萌发率和成苗率最高。利用原球茎制成的人工种子体积小，繁殖速度快，运输与保存方便，还能够进行机械化播种，但是人工种子要真正进入商业市场，还需降低制备成本、优化包埋材料配方等。

（四）生物反应器扩繁技术

近年来，利用生物反应器开展金线莲基原植物种苗扩繁研究，可以降低传统固体培养的成本和减轻劳动强度，同时占用培养室的面积相对较小。

吴荣哲（2010）将丛生芽置于含有1.0g/L花宝（20-20-20）＋1.0g/L花宝（6.5-4.5-19.0）、2.0g/L蛋白胨、3%蔗糖和0.5g/L活性炭的球形生物反应器中，比较凝胶培养基与不同生物反应器（浸没式、接触式和潮汐式）培养的台湾金线莲丛生芽的生长情况，发现当外植体数目在60～90个、通气量为0.06 vvm时，接触式生物反应器中植株生长良好，可以实现种苗扩繁。韩国学者Yoon等（2007）比较了气球型气泡生物反应器（balloon-type bubble bioreactor，BTBB）、长期淹灌式生物反应器（continuous immersion bioreactor，CIB）、浮动培养式生物反应器（raft culturing bioreactor，RCB）和间歇淹灌式生物反应器（temporary immersion bioreactor，TIB）对种苗增殖的影响，结果表明BTBB和CIB两种生物反应器在8.0g/L接种密度和50μmol/(m²·s)光亮子通量密度（PPFD）的条件下可获得较高的生物量。台湾学者萧塑柱和朱建镛（2010）比较了台湾金线莲营养液雾化生物反应器（NMB）、传统兰花瓶组培、聚碳酸酯容器培养及温室培养4种种苗培育模式，发现植株生长情况和天麻素含量没有显著差异，而NMB具有结构简单、操作方便等特点，通过将液态培养基雾化成营养气雾，使营养液在反应器中迅速扩散、均匀分布，应用于植物器官大规模培养时，可以避免因长期液体浸没培养物带来的玻璃化和畸形化问题。

金线莲基原植物组织培养技术已取得突破性进展，建立稳定有效的组培快繁体系，不仅为大规模的人工栽培提供种苗，满足市场对药材资源的需求，还可以增加种群数量，改善其濒危状态，为种质资源保护和可持续利用奠定基础。但是在种苗生产过程中存在组培苗污染、繁殖系数低等问题而制约种苗产业的发展。在组培生产过程中由于细菌、真菌等微生物引起组培苗污染，污染初期会导致增殖效率降低和培养材料生长延缓，污染后期会导致组培苗移栽困难和死亡，甚至有的会引起培养材料的遗传变异。目前金线莲基原植物种苗规模化生产主要采用带节茎段诱导成苗，繁殖系数较低，而种子无菌培养、愈伤组织诱导成苗只停留在研究阶段，未在生产中推广应用。因此应对种苗繁育技术进行进一步优化，降低污染率，提高繁殖系数。

二、种苗驯化及移栽技术

由于金线莲种子微小，胚胎发育不完全，在自然条件下极难发芽，若以分根或扦插繁殖，则耗时长且繁殖系数低，因此组织培养技术成为解决种苗繁育问题的有效途径。

试验分别设定了不同的移栽基质配比（①泥炭和河沙体积比3：1，表面加盖一层活苔藓；②泥炭和河沙体积比2：1，表面加盖一层活苔藓；③泥炭和河沙体积比1：1，表面加盖一层活苔藓）、种植密度（2cm×2cm、3cm×3cm、4cm×4cm）、遮阴度（全光照、遮阴度50%、遮阴度70%、遮阴度95%）和营养液（1/4MS、1/2MS、MS）等移栽条件。

（一）不同基质配比的影响

在种植密度为2cm×2cm、遮阴度70%、1/4MS 营养液条件下，设定泥炭和河沙体积比3：1、2：1、1：1，开展不同基质配比下金线莲组培苗移栽成活率及生长状况研究。发现不同基质配比对金线莲组培苗移栽成活率及株高增长量有显著影响。金线莲组培苗移栽成活率和株高增长量以泥炭与河沙配比2：1的基质处理最高，分别为89.3%和8.05mm；泥炭与河沙配比3：1次之，分别为80.5%和6.92mm；泥炭与河沙配比1：1最低，分别为55.3%和5.45mm。泥炭与河沙配比2：1的金线莲组培苗茎粗增长量和植株鲜重增长量显著高于其他两个处理，分别为0.27mm和0.39g，而泥炭、河沙配比3：1和1：1的组培苗茎粗增长量和植株鲜重增长量差异均不显著（表4-5）。

表4-5　不同基质配比的金线莲组培苗移栽成活率及生长状况（$n=90$）

基质配比	移栽成活率（%）	株高增长量（mm）	茎粗增长量（mm）	植株鲜重增长量（g）
泥炭：河沙=3：1 表面加盖一层活苔藓	80.5±4.1b	6.92±0.11b	0.11±0.02b	0.25±0.06b
泥炭：河沙=2：1 表面加盖一层活苔藓	89.3±3.7a	8.05±0.16a	0.27±0.04a	0.39±0.09a
泥炭：河沙=1：1 表面加盖一层活苔藓	55.3±9.1c	5.45±0.13c	0.12±0.02b	0.22±0.04b

注：同列不同小写字母表示差异显著（$p<0.05$）。

栽培金线莲的基质既要疏松透气、排水良好，又要具有一定的保水保肥性能，且无病菌和虫害潜藏为宜。试验结果表明，基质配比对金线莲组培苗移栽成活率及株高增长量有显著影响。从移栽效果可以看出，泥炭和河沙体积比2：1并且表面加盖一层活苔藓时移栽成活率最高，而且组培苗的长势也较好，最适于作为金线莲组培苗移栽的基质。泥炭是目前种苗培育中应用最广泛的栽培基质之一，呈微酸性，保水性和透气性都很好，有利于喜酸性植物根系的生长；在基质中添加适量的河沙能够在一定程度上改善基质通气条件，有利于组培苗移栽后根系的生长，从而促进后期幼苗的成活和生长；而在基质表面加盖一层活苔藓具有很好的保水性，保持基质湿润并可提高植株周围的空气湿度，有利于提高移栽成活率。

（二）不同种植密度的影响

在基质配比为泥炭：河沙=2 : 1、遮阴度70%、1/4MS营养液条件下，设定种植密度2cm×2cm、3cm×3cm、4cm×4cm，开展不同种植密度下金线莲组培苗移栽成活率及生长状况研究。发现不同种植密度对金线莲组培苗移栽成活率、茎粗增长量及植株鲜重增长量有显著影响。从表4-6可以看出，在2cm×2cm种植密度下组培苗移栽成活率、茎粗增长量及植株鲜重增长量最高，分别为89.7%、0.28mm和0.39g。种植密度2cm×2cm和3cm×3cm的组培苗移栽成活率、茎粗增长量及植株鲜重增长量显著高于4cm×4cm。而株高增长量在各处理间差异不显著。

表4-6　不同种植密度的金线莲组培苗移栽成活率及生长状况（$n=90$）

种植密度	移栽成活率 （%）	株高增长量 （mm）	茎粗增长量 （mm）	植株鲜重增长量 （g）
2cm×2cm	89.7±3.7a	8.03±0.10a	0.28±0.06a	0.39±0.10a
3cm×3cm	88.4±2.8a	8.01±0.09a	0.25±0.03a	0.37±0.07a
4cm×4cm	81.3±6.9b	7.99±0.04a	0.15±0.03b	0.28±0.04b

注：同列不同小写字母表示差异显著（$p<0.05$）。

种植密度的增加导致种内竞争的产生，使种群中单株生长量和生物量发生变化。合理的密度是提高移栽成活率、获得高产优质金线莲的关键措施。孙志蓉等对不同密度条件下甘草苗生长情况进行了研究，发现甘草株高速生期的起止时间随密度增大均逐渐提前，速生期持续时间逐渐缩短；个体生物量随着密度的增大而减少，而群体生物量则随着密度的增大而增加。雷恩等开展了不同移栽密度下草果种苗生长情况研究，发现密度显著影响草果种苗的植株高度、单株叶面积和单株干物质重。本试验结果表明，种植密度2cm×2cm和3cm×3cm的组培苗移栽成活率、茎粗增长量及植株鲜重增长量显著高于

4cm×4cm。从经济效益考虑，开展金线莲组培苗移栽时宜选用2cm×2cm的种植密度。

（三）不同遮阴度的影响

在基质配比为泥炭：河沙=2：1、种植密度2cm×2cm、1/4MS营养液条件下，设定全光照、遮阴度50%、遮阴度70%、遮阴度95%，开展不同遮阴度下金线莲组培苗移栽成活率及生长状况研究。发现不同遮阴度对金线莲组培苗移栽成活率有显著影响。在不遮阴的情况下，金线莲组培苗的移栽成活率为0；在遮阴度为70%和95%的环境中，金线莲组培苗移栽成活率均在85%以上，但以遮阴度70%更高，为87.9%；而在遮阴度50%的环境中，金线莲组培苗移栽成活率相对较低，为68.1%。不同遮阴度对金线莲组培苗茎粗增长量和植株鲜重增长量有显著影响。在遮阴度70%的环境中组培苗茎粗增长量和植株鲜重增长量最高，分别为0.27mm和0.37g。遮阴度70%和50%的环境中组培苗茎粗增长量和植株鲜重增长量显著高于遮阴度95%。而株高增长量以遮阴度95%最高，为9.49mm，显著高于其他处理（表4-7）。

表4-7　不同遮阴度的金线莲组培苗移栽成活率及生长状况（$n=90$）

遮阴度	移栽成活率（%）	株高增长量（mm）	茎粗增长量（mm）	植株鲜重增长量（g）
不遮阴	0	—	—	—
50%	68.1±7.5b	8.13±0.12b	0.25±0.02a	0.34±0.07a
70%	87.9±4.2a	8.15±0.11b	0.27±0.04a	0.37±0.09a
95%	86.1±3.6a	9.49±0.08a	0.11±0.01b	0.21±0.03b

注：同列不同小写字母表示差异显著（$p<0.05$）。

光照度是影响植物光合作用、生长发育、产量和品质形成的重要因素，金线莲为喜阴植物，合理的遮阴不仅可以防止植株遭受阳光的直射，还可以有效降低植株表面温度，改善生长的微气候条件，提高光合生产能力，增加干物质积累和产量。魏胜利等对遮阴处理下掌叶半夏生长情况进行了研究，发现遮阴处理可以显著提高掌叶半夏的株高、单株叶面积、叶绿素含量，透光率在65%时能够获得最大产量。韩忠明研究发现东北铁线莲株高随着遮阴梯度的增加而增高；30%遮阴处理茎粗最粗，根茎生物量最高，与其他处理差异显著；而茎生物量、叶生物量则是30%遮阴处理与对照、70%遮阴和90%遮阴处理差异显著。本研究发现，在遮阴度为70%和95%的环境中，金线莲组培苗移栽成活率均在85%以上，且遮阴度70%的环境中组培苗茎粗增长量和植株鲜重增长量最高，分别为0.27mm和0.37g，因此开展金线莲组培苗移栽时宜选用遮阴度70%的条件。

（四）不同营养液处理的影响

在基质配比为泥炭：河沙=2 ：1、种植密度2cm×2cm、遮阴度70%条件下，设定1/4MS、1/2MS、MS，开展不同营养液处理金线莲组培苗移栽成活率及生长状况研究。发现不同营养液处理对金线莲组培苗移栽成活率有显著影响。从表4-8可以看出，喷施1/2MS营养液，金线莲组培苗移栽成活率最高，为90.2%，清水、1/4MS和1/2MS处理的组培苗移栽成活率显著高于MS处理。1/4MS和1/2MS处理的组培苗株高增长量、茎粗增长量及植株鲜重增长量显著高于清水和MS处理。1/2MS处理的组培苗株高增长量和植株鲜重增长量最高，分别为8.13mm和0.39g，1/4MS处理的组培苗茎粗增长量最高，为0.27mm。

表4-8　不同营养液处理的金线莲组培苗移栽成活率及生长状况（$n=90$）

营养液	移栽成活率（%）	株高增长量（mm）	茎粗增长量（mm）	植株鲜重增长量（g）
H_2O（对照）	89.3±4.3a	7.91±0.12b	0.10±0.02b	0.21±0.04b
1/4MS	89.1±2.7a	8.11±0.07a	0.27±0.03a	0.38±0.08a
1/2MS	90.2±5.2a	8.13±0.05a	0.26±0.02a	0.39±0.04a
MS	82.2±2.5b	7.98±0.09b	0.13±0.04b	0.24±0.06b

注：同列不同小写字母表示差异显著（$p<0.05$）。

营养液处理可以为植物生长发育提供所需的矿质元素，适当地使用低浓度的MS营养液可以提高植株的光合能力、增加干物质的积累，从而促进幼苗的成活和生长。郑志新等在研究营养液对铁皮石斛试管苗移栽成活和生长的影响中，发现浇施过量的营养元素无法被铁皮石斛吸收和利用，而表现出烧苗现象，从而导致成活率和长势均低于低浓度的营养液处理。本试验发现类似的研究结果，MS处理的组培苗移栽成活率显著低于清水、1/4MS和1/2MS处理。1/4MS和1/2MS处理的组培苗株高、茎粗及植株鲜重增长量显著高于其他处理，从经济效益考虑，开展金线莲组培苗移栽时宜选用1/4MS营养液。

第五章 / 金线莲
高效栽培及
产地加工技术

长期以来，中药材的生产方式粗放，对栽培方法、肥料和农药使用、采收时间等均缺乏标准和监管。中药材质量受种源、产地、栽培管理、采收、加工、保存等多因素影响。由于不规范的生产方式，中药材质量参差不齐。因此，建立金线莲的规范化生产体系迫在眉睫。

第一节　金线莲栽培技术

一、栽培条件

（一）产地环境

产地宜选择生态条件良好、水源清洁、排水良好、立地开阔、通风的平地或坡地，坡地坡度应小于20°，要求周围5km内无工业厂矿，无"三废"（废气、废水、固体废弃物）污染，无垃圾场等其他污染源，并距离交通主干道500m以外的生产区域。空气应符合GB 3095—2012《环境空气质量标准》规定的二级标准（表5-1、表5-2）。

表5-1　环境空气污染物基本项目浓度限值

序号	污染物项目	平均时间	浓度限值 一级	浓度限值 二级	单位
1	二氧化硫（SO_2）	年平均	20	60	
		24h平均	50	150	$\mu g/m^3$
		1h平均	150	500	
2	二氧化氮（NO_2）	年平均	40	40	
		24h平均	80	80	$\mu g/m^3$
		1h平均	200	200	
3	一氧化碳（CO）	24h平均	4	4	mg/m^3
		1h平均	10	10	
4	臭氧（O_3）	日最大8h平均	100	160	$\mu g/m^3$
		1h平均	160	200	
5	颗粒物（粒径≤10μm）	年平均	40	70	$\mu g/m^3$
		24h平均	50	150	

（续）

序号	污染物项目	平均时间	浓度限值 一级	浓度限值 二级	单位
6	颗粒物（粒径≤2.5μm）	年平均	15	35	μg/m³
		24h平均	35	75	

表5-2 环境空气污染物其他项目浓度限值

序号	污染物项目	平均时间	浓度限值（μg/m³） 一级	浓度限值（μg/m³） 二级
1	总悬浮颗粒物（TSP）	年平均	80	200
		24 h平均	120	300
2	氮氧化物（NO$_x$）	年平均	50	50
		24 h平均	100	100
		1 h平均	250	250
3	铅（Pb）	年平均	0.5	0.5
		季平均	1	1
4	苯并[a]芘（BaP）	年平均	0.001	0.001
		24 h平均	0.002 5	0.002 5

水质应符合GB 5084—2021《农田灌溉水质标准》规定的旱地作物农田灌溉水质标准（表5-3、表5-4）。

表5-3 农田灌溉水质基本控制项目限值

序号	项目类别		作物种类 水田作物	作物种类 旱地作物	作物种类 蔬菜
1	pH		5.5～8.5	5.5～8.5	5.5～8.5
2	水温（℃）	≤	35	35	35
3	悬浮物（mg/L）	≤	80	100	60[①]，15[②]
4	5日生化需氧量（BOD$_5$，mg/L）	≤	60	100	40[①]，15[②]
5	化学需氧量（COD$_{Cr}$，mg/L）	≤	150	200	100[①]，60[②]
6	阴离子表面活性剂（mg/L）	≤	5	8	5
7	氯化物（以Cl⁻计，g/L）	≤	350	350	350

（续）

序号	项目类别		作物种类		
			水田作物	旱地作物	蔬菜
8	硫化物（以S²⁻计，g/L）	≤	1	1	1
9	全盐量（mg/L）	≤	1 000（非盐碱土地区），2 000（盐碱土地区）		
10	总铅（mg/L）	≤	0.2	0.2	0.2
11	总镉（mg/L）	≤	0.01	0.01	0.01
12	铬（六价，mg/L）	≤	0.1	0.1	0.1
13	总汞（mg/L）	≤	0.001	0.001	0.001
14	总砷（mg/L）	≤	0.05	0.1	0.05
15	粪大肠菌群数（MPN/L）	≤	40 000	40 000	20 000①，10 000②
16	每10L蛔虫卵数（个）	≤	20	20	20①，10②

注：①加工、烹调及去皮蔬菜。
②生食类蔬菜、瓜类和草本水果。

表5-4　农田灌溉水质选择控制项目限值

序号	项目类别		作物种类		
			水田作物	旱地作物	蔬菜
1	氰化物（以CN⁻计，mg/L）	≤	0.5	0.5	0.5
2	氟化物（以F⁻计，mg/L）	≤	2（一般地区），3（高氟区）		
3	石油类（mg/L）	≤	5	10	1
4	挥发酚（mg/L）	≤	1	1	1
5	总铜（mg/L）	≤	0.5	1	1
6	总锌（mg/L）	≤	2	2	2
7	总镍（mg/L）	≤	0.2	0.2	0.2
8	硒（mg/L）	≤	0.02	0.02	0.02
9	硼（mg/L）	≤	1①，2②，3③		
10	苯（mg/L）	≤	2.5	2.5	2.5
11	甲苯（mg/L）	≤	0.7	0.7	0.7
12	二甲苯（mg/L）	≤	0.5	0.5	0.5
13	异丙苯（mg/L）	≤	0.25	0.25	0.25

（续）

序号	项目类别		作物种类		
			水田作物	旱地作物	蔬菜
14	苯胺（mg/L）	≤	0.5	0.5	0.5
15	三氯乙醛（mg/L）	≤	1	0.5	0.5
16	丙烯醛（mg/L）	≤	0.5	0.5	0.5
17	氯苯（mg/L）	≤	0.3	0.3	0.3
18	1,2-二氯苯（mg/L）	≤	1	1	1
19	1,4-二氯苯（mg/L）	≤	0.4	0.4	0.4
20	硝基苯（mg/L）	≤	2	2	2

注：①对硼敏感作物，如黄瓜、豆类、马铃薯、笋瓜、韭菜、洋葱、柑橘等。
②对硼耐受性较强的作物，如小麦、玉米、青椒、小白菜、葱等。
③对硼耐受性强的作物，如水稻、萝卜、油菜、甘蓝等。

　　土壤应符合GB 15618—2018《土壤环境质量标准　农用地土壤污染风险管控标准（试行)》规定的标准（表5-5至表5-7）。

表5-5　农用地土壤风险筛选值

单位：mg/kg

序号	污染物项目①②		风险筛选值			
			pH≤5.5	5.5＜pH≤6.5	6.5＜pH≤7.5	pH＞7.5
1	镉	水田	0.3	0.4	0.6	0.8
		其他	0.3	0.3	0.3	0.6
2	汞	水田	0.5	0.5	0.6	3.0
		其他	1.3	1.8	2.4	1.4
3	砷	水田	30	30	25	20
		其他	40	40	30	25
4	铅	水田	80	100	140	240
		其他	70	90	120	170
5	铬	水田	250	250	300	350
		其他	150	150	200	250

（续）

序号	污染物项目[①②]		风险筛选值			
			pH ≤ 5.5	5.5 < pH ≤ 6.5	6.5 < pH ≤ 7.5	pH > 7.5
6	铜	果园	150	150	200	200
		其他	50	50	100	100
7	镍		60	70	100	190
8	锌		200	200	250	300

注：①重金属和类金属砷均按元素量计算。
②对于水旱轮作地，采用较严格的风险筛选值。

表5-6　农用地土壤污染风险筛选值（其他项目）

单位：mg/kg

序号	污染物项目	风险筛选值
1	六六六总量[①]	0.10
2	滴滴涕总量[②]	0.10
3	苯并[a]芘	0.55

注：①六六六总量为α-六六六、β-六六六、1-六六六、6-六六六4种异构体的含量总和。
②滴滴涕总量为 p,p-滴滴伊、p,p′-滴滴滴、o,p′-滴滴涕、p,p-滴滴涕4种衍生物的含量总和。

表5-7　农用地土壤污染风险管制值

单位：mg/kg

序号	污染物项目	风险管制值			
		pH ≤ 5.5	5.5 < pH ≤ 6.5	6.5 < pH ≤ 7.5	pH > 7.5
1	镉	1.5	2.0	3.0	4.0
2	汞	2.0	2.5	4.0	6.0
3	砷	200	150	120	100
4	铅	400	500	700	1 000
5	铬	800	850	1 000	1 300

（二）种苗生产

1.外植体处理　应选取生长健壮、无病虫害金线莲植株的茎尖或带节茎段为外植体。首先用自来水冲洗30min，然后在超净工作台上用75%乙醇消毒

30s，再用0.1%升汞消毒8min，最后用无菌水清洗3～4次后沥干即可。

2.接种培养　将处理好的外植体水平放置于已灭菌的培养基上，置于培养室进行培养。培养室的温度需保持在（24±2）℃，光照度1 800～2 000lx，光照时间14h/d，培养时间为4个月。继代要控制在3～5代之内。

3.出苗　首先要将组培室生产的组培瓶苗移放至炼苗棚苗床上，进行驯化炼苗15～30d；然后往瓶内灌入少量清水，轻轻取出组培苗，用清水洗净植株基部的培养基后，用50%多菌灵可湿性粉剂500倍液浸泡8～10min。用于栽培的苗应该生长健壮、无污染、无烂茎、无烂根。

（1）种苗质量等级指标。种苗质量等级指标见表5-8。合格苗量应该在总苗量的90%以上。

表5-8　种苗质量等级指标

项　目	指　标	
	合格苗	优质苗
性状	生长健壮、无污染、无烂茎、无烂根	
叶片（片）≥	3	4
株高（cm）≥	5.0	7.0
茎粗（mm）≥	2.0	2.5
整齐度	基本均匀	均匀
检疫对象	不得检出	不得检出

（2）种苗检验方法。叶片、整齐度采用目测方法进行检验，株高用分度值1 mm的直尺测量，茎粗用游标卡尺测量。检疫对象按GB 15569《农业植物调运检疫规程》规定执行。

（3）判定原则。检验结果全部符合上述指标的，则判定该批次为合格种苗或优质苗。否则，判定该批次种苗为不合格。

二、栽培管理

（一）场地准备

金线莲的栽培采用设施栽培模式或林下栽培模式。

设施栽培：以大棚设施栽培为宜，配备遮阳网、防虫网、喷微灌等设备。

林下栽培：以郁闭度为0.7～0.8的阔叶林或竹林为宜，配备相应的鸟兽危害防护设施、农业环境监测记录仪器等。

对选取的场地进行平整，去除大石块、树枝。开沟作畦，畦宽120～140cm、高15～20cm，长度根据地块而定，开好畦沟、围沟，以雨后地块无积水为宜。

（二）栽培基质准备

金线莲栽培基质包括泥炭土、炭化谷壳、河沙、珍珠岩等。基质在使用前用0.5%高锰酸钾溶液进行消毒处理，基质厚度为10～15cm。可以将基质铺设于种植箱内，种植箱底部距离地面4～8cm；也可以直接将基质铺设于地面。

（三）移栽

以每年3～4月移栽为宜，按照（3～5）cm×（3～5）cm株行距栽种，移栽时宜浅忌深，以第一条根接触基质为宜。

（四）田间管理技术

1.光照 通过调节遮阳网透光率，将光照度控制在3 000～5 000lx。

2.温度 金线莲适宜生长温度为20～32℃。高温和低温季节，需进行人工升降温调节。

3.水分 栽种后30 d内，空气相对湿度保持在80%～90%，栽种30d后，空气相对湿度保持在75%～85%，栽培基质含水量控制在50%～55%。如遇伏天干旱，可在早晚喷雾。多雨季节应及时清沟排水、降低湿度。

4.施肥 栽种15 d后，用氨基酸液体肥料1 000倍液喷施1次。栽种30d后，用花宝或磷酸二氢钾1 000倍液，每隔15～20d喷施1次，采收前20d停止施肥。

5.除草 栽种后，应及时人工除去栽培场地杂草，禁止使用化学除草剂除草。

（五）病虫害及其防治

1.病虫害防治原则 坚持"预防为主，综合防治"的植保方针，加强农业、物理、生物防治，力求少用化学农药。在必须使用化学农药时，严格执行中药材规范化生产农药使用原则，严格掌握用药量和用药时期，优先使用植物源或生物源农药，选用几种不同农药品种交替进行，避免长期使用单一农药品种。农药安全使用标准和农药合理使用准则参照GB 4285《农药安全使用标准》和GB/T 8321《农药合理使用准则》执行。

2. 主要病虫害及防治

（1）金线莲的主要病害及其防治方法。

①茎腐病：由尖孢镰孢（*Fusarium oxysporum*）从茎基部侵染引起，病原菌经由表皮、根毛或根茎侵入金线莲茎基部。发病时植株茎基部出现黄褐色水渍状病斑，很快发展至绕茎一周，病部组织腐烂干枯缢缩呈线状（图5-1）。病势发展迅速，幼苗迅速倒伏死亡，出现猝倒现象。可用30%甲霜·噁霉灵水剂800倍液喷雾防治，一般每隔7d喷1次，喷2～3次。

图5-1　金线莲茎腐病

②软腐病：由软腐欧文氏菌黑茎病变种[*Eruinia carotovora* var. *atroseptica* (Hellmers et Dowson）Dye]引起，主要通过昆虫、雨水、农具等造成的伤口和植株叶片的水孔、气孔侵染。发生初期叶片表面出现黑褐色斑点，犹如水渍状，继而扩大，危及整张叶片，使叶片迅速软腐，有明显汁液流出，最后造成植株死亡（图5-2）。可用30%甲霜·噁霉灵水剂800倍液喷雾防治，一般每隔7～10 d喷1次，喷2～3次。

③灰霉病：由灰葡萄孢（*Botrytis cinerea* Pers.ex Fr.）引起，主要危害叶片，也可发生于茎或叶柄。病斑周围叶片组织褪绿而呈红色至粉红色，潮湿条件下病斑迅速扩大，导致整张叶片腐烂，病组织表面密布灰色霉层（图5-3）。病害多数从植株中、下部叶片开始发生，并逐渐向上扩展，最后可侵染心叶，导致植株死亡。一般用50%咪鲜胺可湿性粉剂1 000～1 500倍液或58%甲霜·锰锌可湿性粉剂800倍液喷雾防治，每隔7d喷1次，喷1～2次。

图5-2　金线莲软腐病

图5-3　金线莲灰霉病

④ 白绢病：由齐整小核菌（*Sclerotium rolfsii* Sacc.）引起，主要危害根部及茎基部分。初发病时基部出现水渍状黄色病斑，后迅速扩展至根部，随后叶片萎蔫，茎秆呈褐色腐烂，容易折断。严重时在病部产生白色绢丝状菌丝，呈辐射状延伸，并在根际土表蔓延。发病后期，菌丝体常交织形成初为白色，后渐变为黄色，最终成为褐色的圆形菜籽状菌核（图5-4）。一般用75％百菌清

图5-4　金线莲白绢病

可湿性粉剂800倍液喷雾防治，每7d喷1次，喷1～2次；严重时将病株连其周围基质一起清除，并用50%腐霉利可湿性粉剂500倍液喷雾，一般每隔7d喷1次，喷2～3次。

（2）主要虫害及其防治方法。

①软体动物：蜗牛和蛞蝓在金线莲整个生长期都可造成危害，常咬食嫩芽、嫩叶。一般白天潜伏阴处，夜间爬出活动危害，雨天危害较重。

主要防治方法：用菜叶或青草毒饵诱杀，即用50%辛硫磷乳油0.5 kg加鲜草50 kg拌湿，于傍晚撒在田间四周或沟边诱杀；在畦四周撒石灰，或6%四聚乙醛颗粒剂拌细沙撒施，防止蜗牛和蛞蝓爬入畦内危害。

②地下害虫：主要是蝼蛄和小地老虎。蝼蛄在土中咬食幼苗根茎，呈乱麻状断头，造成幼苗死亡；三龄前小地老虎幼虫取食金线莲的心叶，叶片被吃成缺刻状或网孔状，三龄后幼虫将金线莲幼苗从近地面的嫩茎处咬断，造成缺苗断垄。

主要防治方法：按照糖、醋、酒、水比为3∶4∶1∶2配制糖醋液，其中加入少量毒死蜱，装进诱杀盆，白天盖好，晚上掀起诱杀；黑光灯诱杀成虫，灯下放置盛虫的容器，内装适量水，水中滴入少许煤油。

（3）金线莲禁止使用的农药。六六六、滴滴涕、毒杀芬、二溴氯丙烷、杀虫脒、二溴乙烷、除草醚、艾氏剂、狄氏剂、汞制剂、砷类、铅类、敌枯双、氟乙酰胺、甘氟、毒鼠强、氟乙酸钠、毒鼠硅、甲胺磷、对硫磷、甲基对硫磷、久效磷、磷胺、苯线磷、地虫硫磷、甲基硫环磷、磷化钙、磷化镁、磷化锌、硫线磷、蝇毒磷、治螟磷、特丁硫磷、氯磺隆、胺苯磺隆、甲磺隆、福美肿、福美甲肿、三氯杀螨醇、林丹、硫丹、溴甲烷、氟虫胺、杀扑磷、百草枯、2,4-滴丁酯、甲拌磷、甲基异柳磷、水胺硫磷、灭线磷、克百威、氧乐果、灭多威、涕灭威、内吸磷、硫环磷、氯唑磷、乙酰甲胺磷、丁硫克百威、乐果、氟虫腈、五氯酚钠、杀虫脒。

三、栽培模式

近年来，金线莲人工种植规模迅速扩大，成为我国发展较快的中药材之一，并形成了设施栽培、林下仿野生栽培、盆栽等模式。由于金线莲基原植物在生长发育过程中对环境因子要求严格，因此在人工栽培过程中，创造适合金线莲基原植物生长的环境，是栽培成功的关键所在。

（一）设施栽培模式

设施栽培是指通过创造人工可控制的环境条件，使植物能够正常生长发育，摆脱环境对生产的不利影响，有效保证生产的稳定性，并可按人们的需求获得高产、优质的农产品。根据设施栽培形式，分为大棚集约化栽培和单筐套袋式栽培两种类型。

1. 大棚集约化栽培

（1）栽培基地选址及搭建方法。栽培基地应选择生态条件良好、水源清洁、排水良好、立地开阔、通风良好的地块，要求周围5km内无工业厂矿、无"三废"污染、无垃圾场等其他污染源，并距离交通主干道500m以外的生产区域。

金线莲种植大棚一般可分为3类，玻璃温室大棚、连栋钢管大棚和简易大棚。搭建大棚前应清除四周的杂草及废弃物，集中处理，同时施撒生石灰进行消毒。大棚走向因地形而异，一般以南北走向为宜，玻璃温室大棚和连栋钢管大棚棚顶及四周先覆盖薄膜再盖遮阳网，便于人工控制棚内温度、光照、湿度，大棚内安装风机、水帘系统及微喷灌系统。

简易大棚一般用毛竹进行搭建，棚顶及四周覆盖薄膜和遮阳网，有条件的安装微喷灌系统，棚的四周应挖排水沟，以利排水。在种植前需对组培苗进行炼苗，以增强组培苗对大棚环境的适应性，促使其从异养向自养转化，提高移栽成活率。一般炼苗15～30d，然后用清水洗净植株基部的培养基，50%多菌灵浸泡后移栽，浙江地区移栽时间以每年3～4月为宜，福建、广西等地通常一年种植两季，第一季3月初移栽，第二季9月初移栽，移栽时宜浅忌深，以第一条根接触基质为宜。

（2）组培苗移栽所需条件。不同移栽条件对组培苗的生长状况影响差异较大，其中泥炭∶河沙=2∶1（表面加盖一层活苔藓）、种植密度（3～5）cm×（3～5）cm、遮阴度70%、1/4MS营养液的条件下，组培苗的成活率高且长势较好。金线莲光饱和点为5 000lx，光补偿点为400lx，最大需光量不超过6 000lx，在生长过程中通过调节遮阳网透光率，将光照度控制在3 000～5 000lx。生长适宜的温度为15～30℃，在高温季节，通过水帘、风机进行降温，冬季通过覆盖塑料薄膜保温。刚移栽时，大棚内空气相对湿度应控制在85%～90%，移栽成活后，相对湿度应控制在75%～85%，栽培基质含水量控制在35%～45%。施肥应掌握薄肥勤施的原则，栽种15～20d后，用氨基酸液体肥料喷施1次，栽种30d后，用花宝或1/4MS营养液，每隔15d喷施1次，采收前20d停止施肥。

（3）大棚集约化栽培金线莲常见病虫害。常见病害有茎腐病和软腐病等，发现病株应立即拔除集中处理，茎腐病和软腐病可选用30%甲霜·噁霉灵水剂800倍液防治；主要害虫有红蜘蛛和螨类，可用10%联苯菊酯乳油3 000倍液或1.8%阿维菌素乳油2 000～3 000倍液进行喷。

2.单筐套袋式栽培　单筐套袋式栽培模式是近年来新兴的一种栽培方式，由透气装置、塑料薄膜、不锈钢骨架及种植筐构成。种植前将基质拌入腐熟的牛粪或者羊粪，用0.5%高锰酸钾溶液进行消毒处理，铺设于种植筐内，基质厚度为10cm左右。移栽好后，将整个套袋的种植筐置于遮阴度为70%～80%的大棚或林下。套袋后植株与外界隔离，每个种植筐形成一个独立的栽培个体，病菌和害虫不易侵入，可有效防治病虫害。种植筐通过透气装置实现与外界气体和水分的交换，高温干旱季节，通过水帘、风机、喷灌等设施对周边环境进行降温增湿，从而调节套袋种植筐内的环境。单筐套袋式栽培模式机动灵活，可操作性强，即适合企业大规模种植，又适合合作社、农户小规模种植。

金线莲设施栽培场景见图5-5至图5-7。

图5-5　福建省麟阳农业科技有限公司设施栽培基地

图5-6　金华市荆龙生物科技有限公司设施栽培基地

图5-7　广东福盈农业科技发展有限公司设施栽培基地

（二）林下仿野生栽培模式

中药材林下仿野生栽培是指根据药用植物生长发育习性及其对生态环境的要求，以林地资源为依托，利用林木枝叶适当的遮阴效果，形成有利于药用植物生长环境的一种栽培模式。中药材林下仿野生栽培不与粮食争良田，不与林木争林地，充分利用林地空间，有效解决了中药材生产的土地问题。根据林下仿野生栽培形式，分为林下地栽和林下立体栽培两种类型。

1. 林下地栽　金线莲为阴生植物，野外主要分布于常绿阔叶林的沟边及土质松散的潮湿地带等处。林下仿野生栽培应选择阴湿、凉爽、弱光、水湿条件优越的林地、疏林地或灌木林地，植被类型为常绿阔叶林、针阔混交林或毛竹林。种植地坡度应小于20°，以东坡、东北坡为佳。种植前，清除林中的老枝、病枝、弱枝和机械损伤枝，并清理杂草、杂灌等杂物，在林木之间铺设一层遮阳网，使林分的遮阴度为70%～80%。对选取的场地进行平整，去除大石块、树枝，开沟作畦，畦宽120cm左右、高15～20cm，长度根据地块而定，开好畦沟、围沟，以雨后地块无积水为宜，种植地四周配备相应的鸟害、鼠害防护设施。将栽培基质拌入腐熟的牛粪或者羊粪，铺于畦面上，基质厚度为10cm左右。按照（3～5）cm×（3～5）cm的密度进行移栽，栽种后10d左右，选择阴天进行间苗与补苗，间苗时留优去劣，发现缺苗时及时补栽，补苗宜早不宜晚，补苗后要及时浇水，以利幼苗成活。

移栽成活后，每隔15～20d，用氨基酸液体肥料或兰菌王喷施1次。高温干旱季节，通过喷雾进行降温增湿，雨季清理排水沟，保证沟底无积水。金线莲林下地栽种植床易滋生杂草，应及时清除，并定期清理遮阳网上的枯枝落叶。种植基地应派专人看护，或安置监控设备及报警系统，以防盗窃事件发生。

2. 林下立体栽培　林下立体栽培是指将不同生理特性的植物在同一林地按不同的空间进行优化组合栽培，提高了对土地、光能等自然资源的利用率。金线莲林下立体栽培一般可分为两类，林下搭架栽培和林下悬挂栽培。

林下搭架栽培一般选择常绿阔叶林、针阔混交林或毛竹林，通过遮阳网使林分的遮阴度达到70%～80%，在林下用毛竹搭建50～70cm高的架子，将移栽好的穴盆或种植筐摆放在架子上。

林下悬挂栽培一般选择常绿阔叶林或针阔混交林，将尼龙网兜悬挂于树上，移栽好的穴盆或种植筐摆放在网兜内。

林下立体栽培的栽培基质、移栽方法、肥水管理、病虫害防治等与林下地栽相类似，且通风性、排水性较好。此外林下悬挂栽培能较好地预防鸟兽危害。

林下仿野生栽培场景见图5-8至图5-10。

图5-8　泉州市金草生物技术有限公司林下仿野生栽培基地

图5-9　福建御善源生物科技有限公司林下仿野生栽培基地

图5-10　云南文庆农业发展有限公司林下仿野生栽培基地

（三）盆栽模式

金线莲株型小巧美观，叶形优美，叶脉金红色呈网状排列，花白色，中萼片卵形、凹陷，呈舟状，与花瓣黏合呈兜状，侧萼片张开，偏斜的近长圆形或长圆状椭圆形，花瓣质地薄，近镰刀状，可以单独进行盆栽，也可与兰草等其他盆栽苗木镶嵌搭配，具有极高的观赏价值。近年来，金线莲盆栽已作为高档盆栽进入宾馆、写字楼和家庭，日渐受到消费者的青睐，需求量大幅度增加。根据盆栽形式，分为盆景式栽培和提篮式栽培两种类型（图5-11）。

图5-11　金线莲不同盆栽模式

a、c.金华市荆龙生物科技有限公司　b.丽水剑兰生物科技有限公司

1.盆景式栽培　盆景式栽培可选用瓦盆、紫砂盆、瓷盆或塑料盆，使用前用5%含氯消毒水进行浸泡。花盆底部一般铺一层碎石或碎砖，然后再铺设栽培基质，可选用泥炭土、木屑、树皮、花生壳、河沙等，按照一定的比例混合，既要满足保水、通风透气的要求，又要有利于金线莲固定。

移栽的种苗可以是经过驯化的组培苗，也可以是经过种植的成苗。施肥以缓效性肥料或有机肥为主，可选用奥绿肥或羊粪。高温炎热季节，除对植株喷水降温增湿外，还需保持良好的通风透气性，否则种苗生长不良，易发生病害。进入冬季前应进行抗冻锻炼并适当降低湿度。

2.提篮式栽培　提篮式栽培是近年来推广较快的一种栽培方式，它适合种植于露台、室内，既具有观赏价值，又可以供消费者采摘食用。提篮式栽培一般选用塑料提篮作为栽培容器，其栽培基质、移栽方法、肥水管理、病虫害防治等与盆景式栽培相类似。此外，运输时每个提篮之间应相互隔离，防止运输过程中挤压损坏，降低运输风险。

金线莲人工种植的规模迅速扩大，形成了设施栽培、林下仿野生栽培、盆栽等模式。此外，近年来还有企业采用植物工厂生产金线莲，通过对金线莲生长所需的温度、湿度、光照、二氧化碳（CO_2）浓度以及营养液的条件进行自动控制，从而实现金线莲周年连续生产（图5-12、图5-13）。但是在人工栽培过程中缺乏优良品种，种植企业、合作社、农户盲目引种或采集野生资源作为种源，对其生物学特性、活性成分的含量、区域适应性等缺乏了解，导致种植失败或造成经济损失。因此开展种质资源的收集和评价，选育出活性成分含量高、丰产性好、适应性强的优良品种迫在眉睫。

图5-12　衢州中恒农业科技有限公司植物工厂

图5-13　四维生态科技（杭州）有限公司植物工厂

第二节 金线莲光调控技术

一、光强调控技术

光被认为是影响植物生长的最主要因素，光照可以调节植物细胞内外生理环境的各个方面，从而影响植物的生长发育、形态建成，并最终影响植物开花时间和有机物的积累。在光合作用的光反应中，光能用于产生ATP和NADPH，产生的这两种物质被用于碳固定形成碳水化合物和不依赖光阶段产生氧气。光强对植物生长和发育的影响，归因于其对植物光合作用的影响。

为探究光强对金线莲生长发育的影响，使用5%、20%、30%、50%辐照度处理金线莲（图5-14），以观察光强对金线莲各方面的影响。

图5-14 金线莲在不同光强下40d的形态特征

a.植株 b.叶片

（一）不同光强对金线莲光合作用的影响

试验表明，金线莲的净光合速率（P_n值）在不同辐照度下随时间变化差异明显。净光合速率（P_n值）始终以30%辐照度最高，20%、5%和50%辐照度下依次降低。净光合速率（P_n值）在处理20d内显著增加，最高值在30%辐照度处理下第20天出现。在30～40d观察到细微变化，但50%辐照度下的净光合速率（P_n值）始终高于5%辐照度下的净光合速率（P_n值）（图5-15）。

金线莲的气孔导度（G_s值）随光照强度及光照处理时间变化差异显著。经过50%和5%辐照度照射的金线莲的气孔导度（G_s值）总是低于30%和

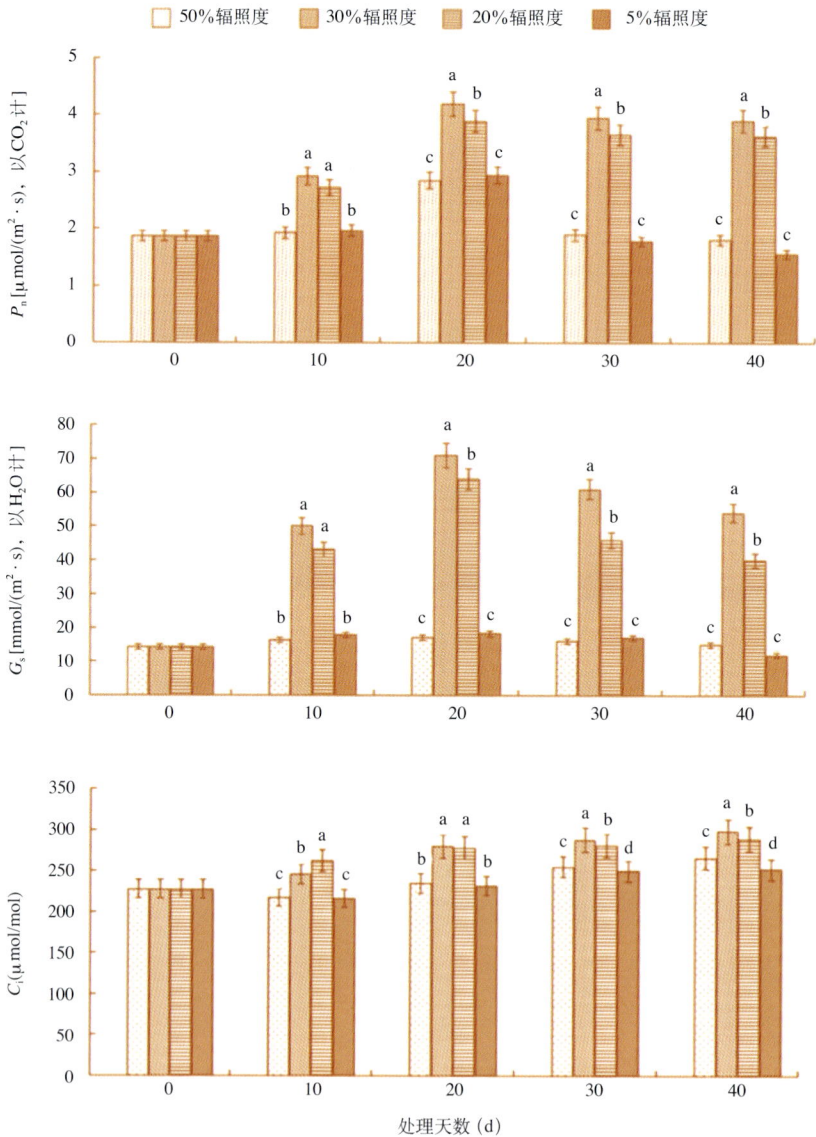

图5-15 不同光强对金线莲光合作用的影响

20%辐照度照射金线莲的气孔导度（G_s值）；在第10～30天，50%辐照度照射金线莲总是呈现最低值。在30%、20%和5%辐照度下，第20天出现最大值。

胞间CO_2浓度（C_i值）随着时间的推移略有增加。在处理的第10天，20%辐照度下金线莲的胞间CO_2浓度（C_i值）高于其他处理。然而，最高值在

30%辐照度下第20～40天出现，并且高于其他处理期间测量的值。在5%辐照度下胞间CO_2浓度（C_i）值总是最低的。

在不同辐照度下生长的金线莲，胞间CO_2浓度（C_i值）仅略有变化，数据表明，50%和5%辐照度下的CO_2浓度不是降低金线莲叶片光合速率的主要因素。同时，在50%和5%辐照度下生长的金线莲，气孔导度（G_s值）显著降低。在高光环境下观察到的气孔导度（G_s值）减少，表明气孔关闭是由于光饱和引起的，并用于减少水分流失。当净CO_2同化变得轻度饱和时，蒸腾量随着光合光子通量密度的下降而不断下降。因此，在5%辐照度下，金线莲也表现出与高光强条件下相同的行为，即由于水分饱和而关闭气孔以适应低光强。

（二）不同光强对叶绿素荧光的影响

50%辐照度照射导致电子传递速率（ETR）和光化学反应电子传递份额（q_P）显著减少（$p<0.05$），处理的第40天光合电子传输中非光化学淬灭系数（NPQ）增加。第10天，最高电子传递速率出现在30%辐照度下生长的金线莲叶片中，而最低电子传递速率在50%辐照度下生长的金线莲中发现。在光强和处理时间变化下，观察到q_P的变化趋势与ETR相似。观察到最高和最低的q_P值分别出现在30%和50%辐照度下。在50%辐照度下NPQ值总是最高的（图5-16）。

由于其灵敏度、方便性和非侵入性的特征，叶绿素荧光测量是光合调节和植物对环境响应的主要研究对象。ETR表示在稳态光合作用期间通过PSⅡ的电子的相对数量。暴露于高辐照条件50%辐照度下导致ETR大大降低。ETR的降低可能是由于叶绿素通量的损失和激发捕获效率的降低，这最有可能是光抑制的结果。q_P反映PSⅡ天线色素吸收的光能用于光化学反应电子传递的份额。高q_P有利于反应中心电荷分离，也有利于电子传输和增加PSⅡ产量。在试验中，观察到的q_P值差异表明，当植物在不同光强下生长时，金线莲PSⅡ电子传递活动的差异显著。反应中心的电荷分离、电子传递能力和PSⅡ的量子产率在30%辐照度下得到提升，在50%辐照度下被弱化。NPQ反映光合电子传输中未使用能量，其作为热能无害地从反应中心消散。在30%辐照度下的金线莲中测得的低NPQ值表明，金线莲能够有效地降低辐照热并有效利用PSⅡ色素吸收的能量。相比之下，在50%辐照度下的金线莲中观察到的高NPQ值表明，生理吸收的可用光能量远高于光化学可用量，这将导致光合作用能力的抑制。

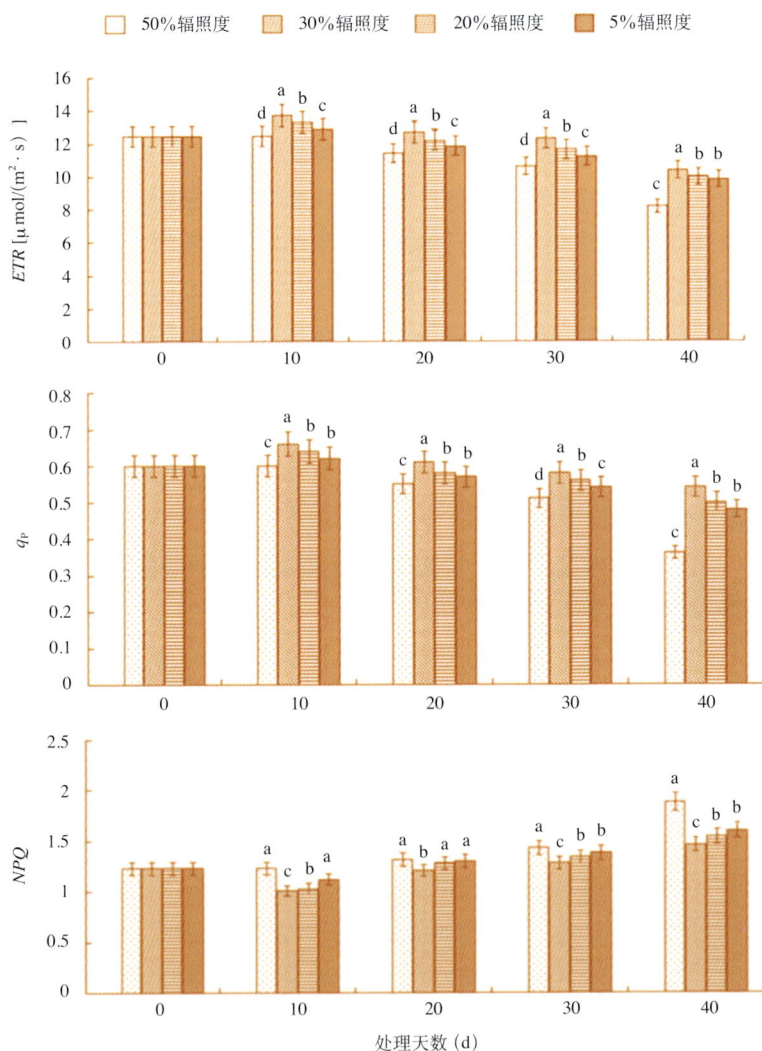

图5-16　不同光强对金线莲叶绿素荧光的影响

（三）不同光强对叶绿素含量的影响

叶绿素含量受不同光强的影响显著。30%辐照度、20%辐照度和5%辐照度的叶绿素a和叶绿素b含量增加，叶绿素a/叶绿素b值在减少辐照度处理的第20～40天下降。第40天，在5%辐照度下的金线莲中可观察到最高的叶绿素a、叶绿素b和叶绿素a＋叶绿素b含量。第40天，在50%辐照度下的金线莲中观察到最高的叶绿素a/叶绿素b值（图5-17）。

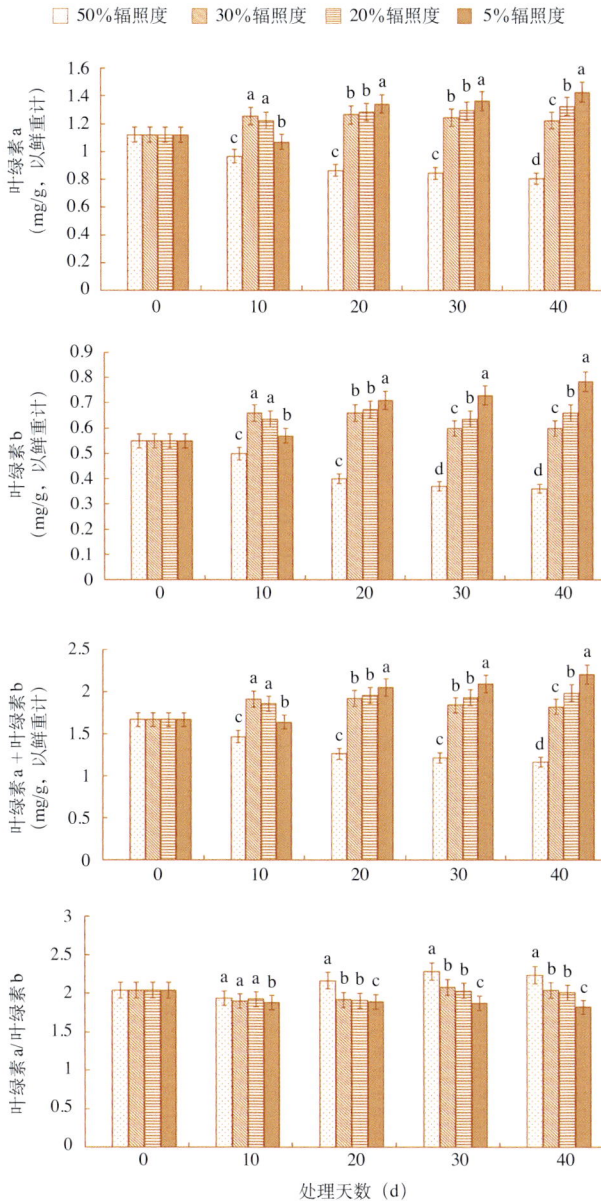

图5-17　不同光强对金线莲叶绿素含量的影响

　　叶绿素含量是光合速率和干物质生产的重要决定因素。Naidu等（1984）提出，光合速率的降低可能是由于叶绿素含量的降低，特别是直接参与并决定光合作用的叶绿素a含量的降低。叶绿素a和叶绿素b含量的下降可以表明过度辐照导致叶片色素破坏。在50%辐照度下，观察到叶绿素含量（叶绿素a、叶绿素 b 和叶绿素 a + 叶绿素 b）显著降低（$p<0.05$），表明高辐照度可能会严重损害光合系统。已知在遮阴条件下生长的植物，通过增加每单位叶面积的色素密度来优化其光吸收效率。在 30%、20% 和 5% 辐照度下的金线莲叶片中叶绿素 a/叶绿素 b 值的降低主要是由于叶绿素 b 含量显著增加（$p<0.05$），最有可能是光收获和电子传递成分组织变化的结果。5% 辐照度下叶绿素含量的显著增加表明金线莲能够将低光强条件下的光照能力最大化。

（四）不同光强对叶绿体超微结构的影响

叶绿体的大小和数量明显受到金线莲所处的光照水平的影响。叶绿体、颗粒和颗粒层的数量通常随着光强的降低而增加。在 30% 和 20% 辐照度下生长的金线莲叶中的大多数叶绿体表现出正常的超微结构组织，具有典型的基粒和基质类囊体的排布。在 30%、20% 和 5% 辐照度下生长的金线莲的叶片通常含有比在 50% 辐照度下生长的金线莲更多的类囊体。此外，与在 50% 和 5% 辐照度下生长的金线莲叶片相比，在 30% 和 20% 辐照度下，金线莲中嗜锇小球的数量减少、体积减小。

30%、20% 和 5% 辐照度照射的叶片含有的类囊体颗粒比 50% 辐照度照射的多，因此具有较高的光合速率和色素含量。在 30% 辐照度下生长的叶片具有生长得更好的叶绿体、基粒和基粒薄片。这一结果表明，30% 辐照度有利于金线莲生长。而通过增加类囊体、基粒和基粒层数来调节叶绿体的发育，可能是金线莲重要的遮阴耐受机制。嗜锇小球的数量和大小也可以用作光合效率的指标。30% 和 20% 辐照度下金线莲叶片中的叶绿体含有最少和最小的嗜锇小球。这一结果也表明中度遮阴在一定程度上是有益的，而 50% 和 5% 辐照度对金线莲生长有害。

（五）不同光强对金线莲生理生化指标的影响

在 50% 辐照度下，金线莲叶片蛋白质含量在处理的前 20d 保持相对稳定，但随后迅速增加；然而，其他辐照度下的金线莲反应却不同，在处理的前 10d，叶片蛋白质含量增加，随后下降。叶片过氧化物酶（POD）活性显著下降发生在 20d 后；在第 30～40 天，50% 辐照度下的金线莲叶片 POD 活性显著低于其他辐照度。第 20 天，50% 辐照度下的金线莲叶片超氧化物歧化酶（SOD）活性高于其他辐照度；到第 40 天，SOD 活性水平逆转，30% 辐照度下的金线莲叶片 SOD 活性最高，约为 50% 辐照度处理的两倍。在处理的前 20d，不同光强对金线莲叶片过氧化氢酶（CAT）活性影响不大，但其后观察到CAT活性显著增强；第20天，50%辐照度下的金线莲叶片CAT活性最低；然而在第30～40天，50%辐照度下的金线莲叶片CAT活性水平最高。叶片可溶性糖（SS）含量与辐照度水平呈正相关，除第40天50%辐照度下的金线莲叶片SS含量高于初始含量外，其他处理下的金线莲叶片SS含量都有所下降。同样，金线莲叶片丙二醛（MDA）含量的响应也与辐照度水平呈正相关，但其含量在各处理水平下均有所增加（图5-18）。

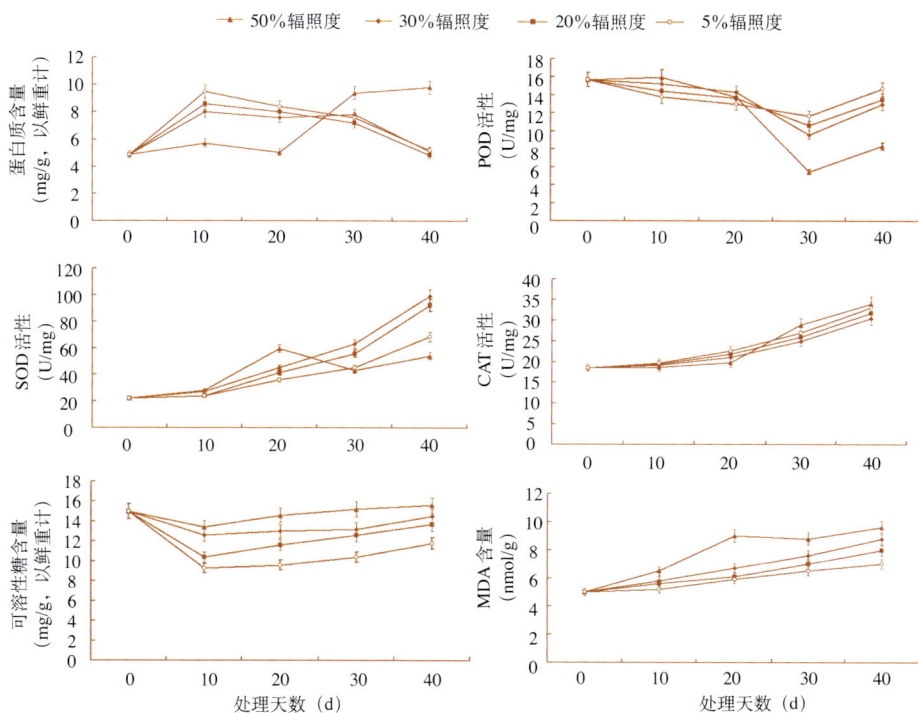

图5-18　不同光强对金线莲生理生化指标的影响

金线莲叶片蛋白质含量和抗氧化酶活性的表现显示出这些性状处于强烈的遗传控制之下，而SS和MDA含量主要取决于光强。在暴露于高辐照度（50%）40d时，叶片蛋白质含量大大增加。经过40d照射后，30%、20%和5%辐照度下的金线莲叶片POD和SOD活性显著高于50%辐照度，而CAT活性在各辐照度下相差不大。在试验中，保持了水分可用性和温度条件的一致性。显然，POD、SOD和CAT活性水平不但受光强的显著影响，而且在很高程度上受试验植物发育状况的影响。SS是植物生长的重要碳源和渗透调节剂，SS 水平反映植物营养状况。在研究中，金线莲叶片SS含量在高辐照度下是最高的，并且对遮蔽严重性有反应。这一结果表明金线莲对光的不同反应与碳水化合物的代谢相关。MDA含量是常用的膜脂过氧化指标。在高辐照度下，研究中观察到的明显升高的MDA含量是由过度辐照引起损伤产生的结果。

最终结果表明，遮阴对金线莲的正常生长是必要的。不同程度和持续时间的遮阴处理明显影响金线莲的光合作用、叶绿素含量、叶绿素荧光、叶绿体超微结构和生理生化指标。在50%辐照度下的金线莲遭受光抑制是由于过量光照，而暴露于5%以下的表现则是光照不足的结果。金线莲通过增加叶绿体、基粒和基粒层的水平来适应不同的光强条件，并且保持较高的POD和SOD活性。

二、光质调控技术

光在植物生长过程中起着重要作用。它不仅是光合作用的基本能源，还是植物生长发育的重要调节因子。植物的生长发育不仅受光量或光强的制约，还受光质即不同波长的光及不同波长光的组成比例的影响。植物能够察觉生长环境中光质、光强、光照时间和方向的微妙变化，启动在这个环境中生存所必需的生理变化和形态结构变化。过去的研究多集中在光质对植物生长的影响。植物在弱光或暗条件下生长更快，在明亮光下生长变慢。这种现象表明，植物自身可以应对光环境的变化以完成其生命周期并提高其生物产量。蓝光、红光和远红光在控制植物光形态建成中发挥关键作用。光敏素（phytochrome，Phy）、隐花素（crypto-chrome，Cry）和向光素（向光蛋白，phototropin，Phot）这些光受体接受光信号，并通过信号转导引发植物的生长发育变化。

（一）不同光质对形态特征的影响

试验设置金线莲植株在4种不同光质下生长8个月，4种光质条件分别为红膜（RF）、蓝膜（BF）、黄膜（YF）和无色塑料薄膜（CLF），其中CLF作为对照（CK）。每个处理10株/盆，各3盆。并保证所有的植株都保持良好的灌溉和受到保护，不受病菌和杂草干扰（图5-19、图5-20）。

试验表明，不同光质对金线莲的形态特征具有一定的影响。BF处理的金线莲茎粗、鲜重和叶面积显著高于CK（表5-9）。BF处理的茎粗最大，为3.89mm，BF、YF、RF和CK处理之间的茎粗平均值具有显著差异。BF处理

图5-19 不同光质下的金线莲
a.红膜（RF） b.黄膜（YF） c.蓝膜（BF）

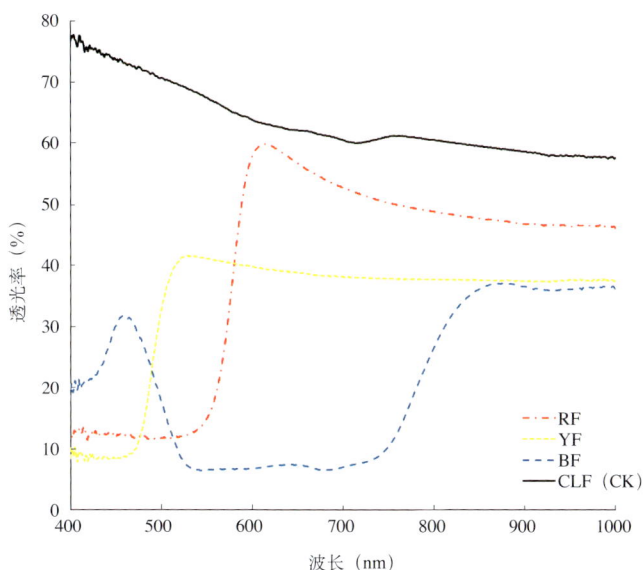

图5-20 滤光薄膜的透光率

的鲜重最大，为2.84g，RF和YF处理的鲜重最小。BF处理的金线莲叶面积最大（6.29cm²），但RF和YF处理之间的叶面积差异不显著（$p>0.05$）。这些结果表明，BF可增加光合效率，降低金线莲植株高度，并增加金线莲植株的鲜重。

表5-9 不同颜色的薄膜对金线莲形态特征的影响

处理方式	株高（cm）	茎粗（mm）	鲜重（g）	叶面积（cm²）
RF	13.32±0.05a	3.18±0.01d	2.41±0.06c	5.69±0.10c
YF	13.04±0.12a	3.24±0.03c	2.45±0.05c	5.66±0.24c

（续）

处理方式	株高（cm）	茎粗（mm）	鲜重（g）	叶面积（cm²）
BF	10.46±0.10c	3.89±0.03a	2.84±0.04a	6.29±0.14a
CLF（CK）	12.06±0.12b	3.46±0.03b	2.63±0.10b	6.06±0.16b

注：数值为3次重复测定的平均值 ± 标准误差。同列不同小写字母表示差异显著（$p<0.05$）。

不同植物物种对光质的反应不同，但红光和蓝光通常对植物生长具有最强的影响。Su等（2014）报道红光对黄瓜幼苗的植株高度、叶面积和鲜重有抑制作用。在几种光处理中，蓝光导致巴西莲子草的叶面积显著增大。红光对药用蒲公英和生地黄的重量和株高有较强的刺激作用。甜菊植株在蓝光下具有较短的茎和根。在本研究中，生长8个月的金线莲的形态特征受光质的影响明显。BF处理下生长的金线莲植株在所有处理中具有更短、更粗的茎，以及更大的总鲜重和叶面积，而在RF处理中则观察到相反的情况。

（二）不同光质下叶解剖特征的变化

RF和YF处理下生长的金线莲的叶片细胞比CK的细胞更长、更窄。然而，细胞形状在BF和CK处理下是相同的（图5-21）。总体而言，BF和YF处

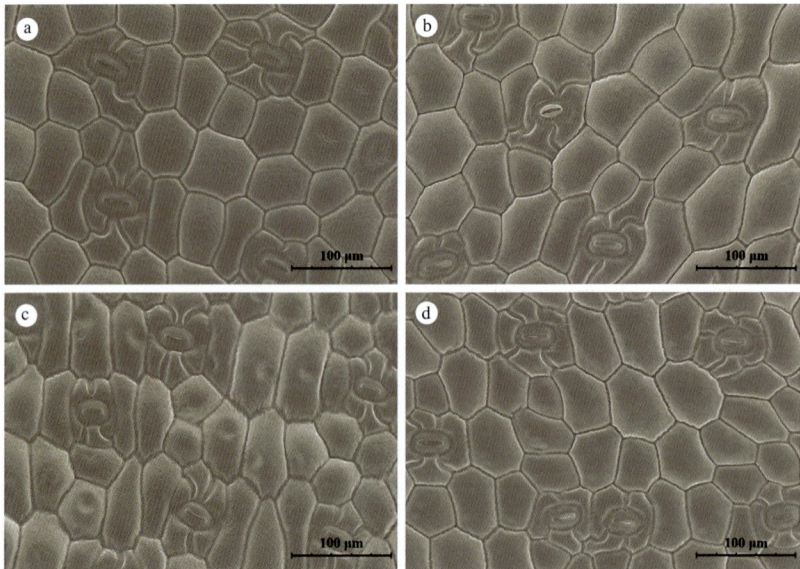

图5-21 金线莲叶表面的SEM图
a.CLF处理（CK） b.RF处理 c.YF处理 d.BF处理

理下的金线莲叶片气孔打开频率显著高于RF和CK处理，但BF和YF处理之间的气孔打开频率差异不显著（表5-10）。RF、BF和YF处理的气孔长度小于CK，但气孔宽度在各处理之间差异不显著。不同颜色膜处理的气孔面积（气孔长度×宽度）为：969.27μm²(CK)、868.56μm²(RF)、816.43μm²(BF) 和763.56μm²(YF)。

表5-10 不同光质对金线莲叶片气孔打开频率和大小的影响

处理方式	气孔打开频率（个/μm²）	气孔长度（μm）	气孔宽度（μm）	气孔面积（μm²）
RF	$13.95 \pm 0.04b$	$39.01 \pm 0.57b$	$22.95 \pm 0.33a$	$868.56 \pm 44.58b$
YF	$16.74 \pm 0.05a$	$33.22 \pm 0.95d$	$23.61 \pm 0.87a$	$763.56 \pm 52.87c$
BF	$16.75 \pm 0.03a$	$34.65 \pm 1.00c$	$23.17 \pm 0.50a$	$816.43 \pm 27.28bc$
CLF（CK）	$12.51 \pm 0.08c$	$41.09 \pm 0.19a$	$24.26 \pm 1.50a$	$969.27 \pm 67.20a$

注：数值为3次重复测定的平均值±标准误差。同列不同小写字母表示差异显著（$p<0.05$）。

气孔起到调节植物的气体交换和水损失的作用。植物气孔的打开和关闭受许多环境因素的影响，包括光、CO_2和温度。在所有这些因素中，光是控制气孔运动的主要环境信号。通常，气孔在光照下打开，在黑暗中关闭。蓝光通过激活保卫细胞质膜中的质子泵和诱导有机溶解物（如蔗糖）的合成来调节保卫细胞的渗透势而膨胀，导致气孔开放。其诱导的气孔开放响应取决于质膜H^+-ATP酶的激活，质子泵产生细胞膜电位。蓝光信号导致电压依赖性质膜K^+通道打开，这增强K^+和水流入保护细胞，并最终迫使气孔打开。蓝光导致巴西莲子草和一串红的叶片气孔数量减少。然而，蓝光导致万寿菊和葡萄叶片有更多的气孔数量。但是，葡萄叶片的气孔大小在不同的光处理中没有显著差异。Simlat等（2016）报道了甜叶菊植株具有类似结果。本研究通过比较各处理组发现，在蓝光下生长的金线莲植株叶片的气孔数量最多，气孔长度也在4个光处理之间显著不同，CK中的叶片气孔最长；然而，气孔宽度在4个光质处理之间没有显著差异。

（三）不同光质对光合色素含量的影响

不同光质对金线莲植株中的叶绿素含量影响显著（表5-11）。与CK相比，BF处理的金线莲叶绿素a、叶绿素b和叶绿素a＋叶绿素b含量高于RF和YF

处理。BF 处理的金线莲叶绿素浓度为 1.48 mg/g（叶绿素 a），0.75 mg/g（叶绿素 b）和 2.23 mg/g（叶绿素 a + 叶绿素 b）（均以鲜重计）。这一结果表明，BF 对金线莲植株的光合系统影响显著。YF 处理的叶绿素 a/叶绿素 b 值最高，为 2.26，BF 处理的叶绿素 a/叶绿素 b 值最低，为 1.97。

表5-11 不同光质对金线莲叶片叶绿素含量的影响

处理方式	叶绿素 a （mg/g，以鲜重计）	叶绿素 b （mg/g，以鲜重计）	叶绿素 a + 叶绿素 b （mg/g，以鲜重计）	叶绿素 a/叶绿素 b
RF	1.10±0.04c	0.51±0.02c	1.61±0.03c	2.16±0.07b
YF	1.06±0.02c	0.47±0.03c	1.53±0.03d	2.26±0.04a
BF	1.48±0.03a	0.75±0.02a	2.23±0.02a	1.97±0.05c
CLF(CK)	1.26±0.02b	0.62±0.01b	1.88±0.02b	2.03±0.03c

注：数值为3次重复测定的平均值 ± 标准误差。同列不同小写字母表示差异显著（$p<0.05$）。

叶绿素是高等植物中最重要的色素之一。它负责捕获光的光合色素，将光能转换为植物生长所需的化学能。因此，叶绿素是植物整个生命周期中光合作用的关键。由于叶绿素含量和组成的变化，光质直接影响光合作用。Xu 等（2004）报道，在不同颜色的塑料膜下生长的草莓，基于叶绿素含量最高至最低，将处理分级如下：红膜＞白膜＞黄膜＞绿膜＞蓝膜。叶绿素 a/叶绿素 b 值与红光和蓝光的比值呈负相关。Galdiano 等（2012）表明红光强烈促进叶绿素 b 在 *Cattleya loddigesii* 中的合成。类似的结果也存在于地黄和大麦中。然而，Kobayashi 等（2013）报道了莴苣叶中的叶绿素含量在蓝光下比在红光下高。类似的结果存在于中华猕猴桃中。在本研究中，蓝光刺激叶绿素在金线莲中的积累作用最强。与其他处理相比，BF 处理中的叶绿素含量明显较高，说明植物能够在蓝光下最大化其光捕获能力。

（四）不同光质对保护酶系统活性的影响

金线莲植株在4种不同的光质下生长8个月后，RF 处理的金线莲叶片 SOD、POD 和 CAT 活性显著低于其他处理。这些酶的活性在 BF 处理下显著高于 CK（图5-22）。BF 处理的 SOD 活性最高（85.83 U/mg）。POD 活性在4种处理中差异显著，活性为 8.73 ～ 16.45U/mg。CAT 活性的最大值是 33.12 U/mg，

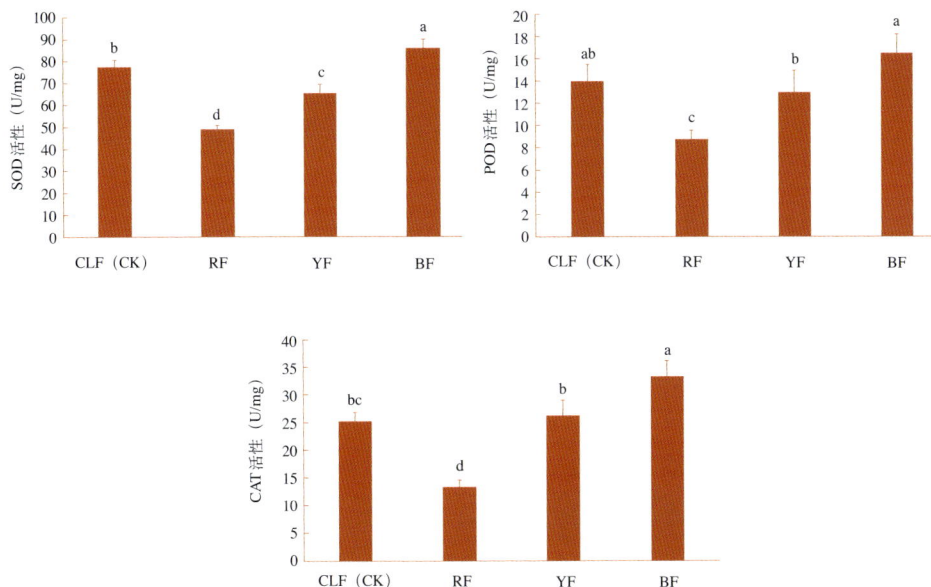

图5-22　不同光质对金线莲叶片保护酶系统活性的影响

YF处理和CK之间的CAT活性差异不显著。

在细胞中CAT、SOD和POD能够清除有害的自由基。植物产生的·O_2^-被SOD和CAT除去，可保护植物细胞免于由自由基及其衍生物引起的损害。POD的活性直接影响生长素（吲哚乙酸，IAA）的代谢和分布，而生长素控制植物生长发育。POD活性的增强会增强内源性IAA的氧化分解，导致生长受抑制和产生矮化表型。Kim等（2013）报道，蓝光下的番茄叶CAT和SOD活性高于红光。类似的结果在地黄中存在。在甜叶菊小植株中，CAT和POD活性在蓝光下比在红光下更高，与本试验结果一致。这些发现进一步证实，BF处理有利于金线莲植株的生长和改善金线莲质量。

（五）不同光质对金线莲生物活性成分含量的影响

各处理的金线莲叶片黄酮含量为0.017（YF）～0.021（BF）g/g（以干重计），其中BF处理的金线莲叶片黄酮含量显著高于其他处理（表5-12）。RF和YF处理的黄酮含量差异不显著。RF处理的金线莲叶片酚含量显著高于其他处理（0.018 g/g，以干重计），并且4种处理之间差异显著。金线莲叶片多糖含量为0.061～0.118g/g（以干重计），各处理之间差异显著，BF处理的金线莲叶片多糖含量最高，为0.118g/g（以干重计）。这些结果表明光质对金线莲活性成分的积累影响较大。

表5-12　不同光质对金线莲叶片活性成分含量的影响

处理方式	多糖 （g/g，以干重计）	黄酮 （g/g，以干重计）	酚 （g/g，以干重计）
RF	0.076±0.005 3c	0.017±0.000 1c	0.018±0.000 2a
YF	0.061±0.001 1d	0.017±0.000 3bc	0.009±0.000 3c
BF	0.118±0.001 9a	0.021±0.000 8a	0.010±0.000 1b
CLF（CK）	0.097±0.003 9b	0.018±0.000 4b	0.005±0.000 1d

注：同列不同小写字母表示差异显著（$p<0.05$）。

光强影响植物的初级代谢，也影响次生代谢物质的积累。蓝光促进多糖的积累，这是通过增强Ca^{2+}-CaM信号对光合器官或葡萄糖代谢的控制来实现的。在石斛中，红光促进碳水化合物的积累，从而增加多糖含量。相比之下，蓝光促进黄芪中的多糖积累，比对照组高23.9%。本试验结果与该发现一致，因为蓝光对所有处理的金线莲多糖积累具有最强的刺激作用。在拟南芥中，蓝光受体密码子（CRY1和CRY2）和PhyA介导对蓝光的反应以促进类黄酮生物合成和积累。在黄芪中，蓝光处理导致其叶中的黄酮含量最高，比对照组高51%。在金线莲中，BF处理中的黄酮含量高于其他处理。光促进酚类化合物的积累是通过增加作为酚类生物合成底物的丙二酰辅酶A和香豆酰辅酶A的含量进行的。据Johkan等（2010）报道，蓝光促进莴苣幼苗中酚类化合物的积累。在甜罗勒中，蓝光处理的酚含量低于白光处理。在本试验研究中，红光处理的金线莲酚含量高于蓝光。

由上可知，生长8个月的金线莲的形态特征受光质的影响明显。在蓝膜下生长的金线莲植株在所有处理中具有最大的鲜重、最强壮的茎、最大的叶面积和最高的气孔打开频率，以及最高的光合色素浓度和抗氧化酶（CAT、SOD和POD）活性。与其他光质处理相比，在蓝膜下生长的金线莲也显示出较高的生物活性和化合物（多糖、黄酮）含量。红膜处理下的金线莲植株表现出最高的株高和酚类物质含量。由此可知，将金线莲植株置于蓝膜下生长是提高其质量的有效技术。在经济意义上，该技术可用于大规模种植且成本低。

第三节 金线莲微生物调控技术

随着研究的不断深入，金线莲的组织培养技术已日渐成熟，但移栽成活率有待提高。因此，将金线莲与内生真菌共生培养，研究金线莲与内生真菌的相互关系，优选出有助于金线莲生长发育的优良菌株，对金线莲产业的可持续发展具有重大理论意义和应用价值。

一、种子共生发芽

以燕麦培养基为基础，将金线莲种子与兰菌（R02）共生培养，60d后，其发芽率为80%～86%。R02为来源于寄主白雁根节兰的双核丝核菌（*Rhizoctonia* spp.）。共生培养时，不可使用常用的组织培养基，如MS培养基，而应选用接种培养基，如燕麦培养基。因为常用的组织培养基会使菌种生长速度过快而覆盖整个植株，从而使植株无法正常生长。接种兰菌后可显著促进金线莲植株的生长，并增加植株的叶绿素含量。在显微镜下，可观察到菌丝进入根部后，互相缠绕形成菌丝团块等，属于菌球消化的感染模式的现象。与兰菌共生后的金线莲植株根部同时具有酸性和碱性磷酸酶，但未接种兰菌的非菌根植株只有酸性磷酸酶。对根、茎、叶进行酵素活性与成分分析发现，植株同时具有过氧化物酶、酸性磷酸酶及CuZnSOD与MnSOD两种超氧化物歧化酶。此外，比较兰菌接种者与未接种者的SOD、多糖、多酚类化合物、维生素C和磷酸根离子含量发现，兰菌接种者皆具有较高的含量。

二、菌苗共生

自然条件下，兰科植物若无菌根形成，则很难发育成熟且开花。通过普通组培方式培育出的组培苗，虽然能够发育成熟且开花，但其移栽成活率通常不理想。因此，建立金线莲与内生真菌共生培养体系，可望为研究内生真菌促进金线莲生长的机制及其栽培新方法奠定基础。郭顺星等（2000）研究发现，菌苗共生最适培养基为：NH_4NO_3 825mg/L ＋ KNO_3 950mg/L ＋ $MgSO_4$ 185mg/L ＋ 肌醇100mg/L，其他有机成分含量为MS培养基有机成分含量的2/3，蔗糖15g/L，其他成分与MS培养基相同，琼脂9g/L，pH5.8。培养条件：温度24～25℃，光照度150lx，光照时间11h。在这一培养体系中，多种兰科植物可与内生真菌形成菌根结构，且可实现菌苗长期共生。

于雪梅（2000）利用上述共生培养体系从17种分离自兰科植物的真菌中，筛选出了对金线莲幼苗生长发育有良好促进作用的两种瘤菌根菌属真菌AR-15和AR-18（表5-13）。其中，AR-15菌落呈白色，气生菌丝不发达；AR-18菌落呈白色，气生菌丝发达；这两种真菌均能显著促进金线莲幼苗的生长且二者可长期共生。比较对照组，共生后的金线莲植株分别增重15.1%和8.3%。为了证实金线莲与所筛选出的两种内生真菌共生后能否建立菌根结构，同时了解菌苗相互作用过程中各自的形态变化，对金线莲菌根形成过程进行了研究。观察野生金线莲菌根显微结构和超微结构发现，内生真菌定殖在金线莲根局部皮层细胞群中，野生金线莲根中造粉体结构与组培苗金线莲和内生真菌共生体中的不同。进一步组化定位研究表明，野生金线莲根中无脂肪颗粒，而组培苗金线莲根中存在脂肪颗粒。

表5-13　兰科植物内生真菌对金线莲苗生长的影响

菌种编号	来源植物	真菌生长状态	对金线莲幼苗生长的影响
AR-1	报春石斛	菌落粉白色，点状散生	植株正常，无促生作用
AR-3	石仙桃	菌落白色，点状散生	植株正常，无促生作用
AR-5	罗河石斛	菌落白色，气生菌丝较发达	植株正常，无促生作用
AR-6	见血青	菌落白色，气生菌丝发达，生长迅速	植株死亡
AR-7	石仙桃	菌落白色，气生菌丝发达，生长迅速	植株死亡
AR-8	冬凤兰	菌落白色，气生菌丝发达，生长较快	植株下部腐烂，无促生作用
AR-9	蕙兰	菌落白色，气生菌丝发达，生长较快	植株根变黑，下部叶死亡，有促生作用
AR-10	斑叶构兰	菌落白色，基内菌丝发达，生长较慢	有促生作用
AR-11	鹤顶兰	菌落黄褐色，生长较快	植株根变黑，下部叶死亡，有促生作用
AR-12	硬叶兰	菌落白色，气生菌丝发达，生长迅速	植株根变黑，下部叶死亡，上部叶变黄，促生作用显著

（续）

菌种编号	来源植物	真菌生长状态	对金线莲幼苗生长的影响
AR-13	硬叶兰	菌落白色，气生菌丝发达，生长较快	植株下部腐烂，无促生作用
AR-14	斑叶杓兰	菌落生长较快，结构发达	植株下部严重腐烂，无促生作用
AR-15	斑叶杓兰	菌落白色，气生菌丝不发达	促生作用极显著，植株健壮
AR-17	长苏石斛	菌落墨绿色，生长较快	植株下部变黑软化，茎叶色浅，促生作用极显著
AR-18	杓兰	菌落白色，气生菌丝发达	促生作用显著，植株健壮
AR-19	杓兰	菌落黑色，点状散布，生长较慢	植株生长正常，无促生作用
AR-20	杓兰	菌落散布，生长较慢	植株正常，有促生作用

三、内生真菌对金线莲的调控作用

于雪梅（2000）研究发现，金线莲与两种内生真菌共培养10d时，孢子侵入根被细胞；共培养25d时，菌丝及孢子定殖于个别表皮及外皮层细胞中；共培养35d时，被定殖的表皮及外皮层细胞数目有所增加，个别皮层细胞被真菌定殖；共培养60d时，菌丝侵入至表皮下3～4层皮层细胞；培养至95d时，菌根结构与35～60d时差别不大，未见真菌继续侵入。真菌以菌丝和孢子的形式侵入植物组织，皮层中通常无孢子侵入，菌丝以菌丝结、分枝状或菌丝碎片状存在。两种瘤菌根菌属真菌在与金线莲共培养过程中厚垣孢子结构发达，随共培养天数增加厚垣孢子数增多，并伴随孢子念珠状聚生、质壁分离、中空、孢子萌发或生成次生孢子，菌丝特化、变粗等现象发生。在菌根形成过程中，组化定位金线莲根、茎细胞中的多糖、脂肪和蛋白质发现，接种真菌后，根、茎细胞中多糖颗粒数量逐渐增加，而脂肪颗粒在皮层中的分布范围缩小。金线莲根、茎中多糖颗粒数量和脂肪颗粒数量的变化呈消长关系。多糖定位结果论证了金线莲植株与其菌根真菌碳水化合物的运输方向是从真菌到植物。

分析金线莲菌根的超微结构可知，真菌通过根毛细胞、寄主胞吞作用侵入金线莲根组织，继而通过膨压破壁作用侵入相邻的细胞。在金线莲与真菌相互作用过程中，金线莲细胞会分化出大量小泡和消化泡结构，且造粉体、叶绿体、线粒体、微体、胞内类膜物质增加，细胞核膨大或变形。另外，菌根形成过程中，菌根真菌激发金线莲释放大量的酸性磷酸酶和ATP酶。真菌侵入后被金线莲分泌的酸性磷酸酶、ATP酶包围。金线莲几丁质酶活性随接种天数增加而升高，AR-15菌株接种60d时，植株上部几丁质酶内切酶活性降至对照酶活性以下。

郭顺星等（2000）研究发现，菌苗共培养时，金线莲植株内的葡萄糖、果糖、二糖、多糖含量比对照增加，且总糖含量随培养时间增加而增加。另外，培养35d时，接种AR-18菌株的金线莲幼苗的皂苷含量比对照高28%，同时，经AR-15和AR-18菌株处理的金线莲幼苗的生物碱含量分别比对照提高40%和140%。8种对金线莲生长有促进作用的菌根真菌中，AR-15和AR-18菌株植物激素IAA的产量最高，这与促金线莲生长的效果呈正相关。因此，这两种金线莲内生真菌都对金线莲的生长有显著的促进作用，且均能实现长期共生。

第四节　金线莲其他调控技术

除了光与微生物调控技术外，其他调控技术也可以在一定基础上提高金线莲的产量及品质。其他调控技术包含金线莲诱导处理，如NaCl诱导，以及添加外源物质影响金线莲花期以及花芽分化。

一、诱导处理对金线莲有效成分含量的影响

以NaCl诱导为例，杨琳（2018）选取长势均匀一致的组培苗，移栽至带孔的塑料泡沫板上，再浸入Hoagland营养液中，在温度25℃（昼）/20℃（夜）、相对湿度60%～70%和光照14h/d[200μmol/(m² · s)]的条件下培养15d。向营养液中添加NaCl至终浓度100mmol/L，3次重复。于0h（对照）、0.5h、1h、2h、4h、8h、12h和24h取样，用于总RNA提取。另外，于0h（对照）、1d、2d、3d、4d、5d和6d取样，50℃烘干2d，研磨成细粉状，干燥存放，以用于后续黄酮类化合物含量及其他组分的测定。

台湾金线莲和福建金线莲的总黄酮含量和自由基清除率均随NaCl诱导时间的延长而升高，在第6天分别达到诱导前的2.04倍、3.45倍和1.33倍、1.42

倍，福建金线莲的升高幅度大于台湾金线莲（图5-23）。

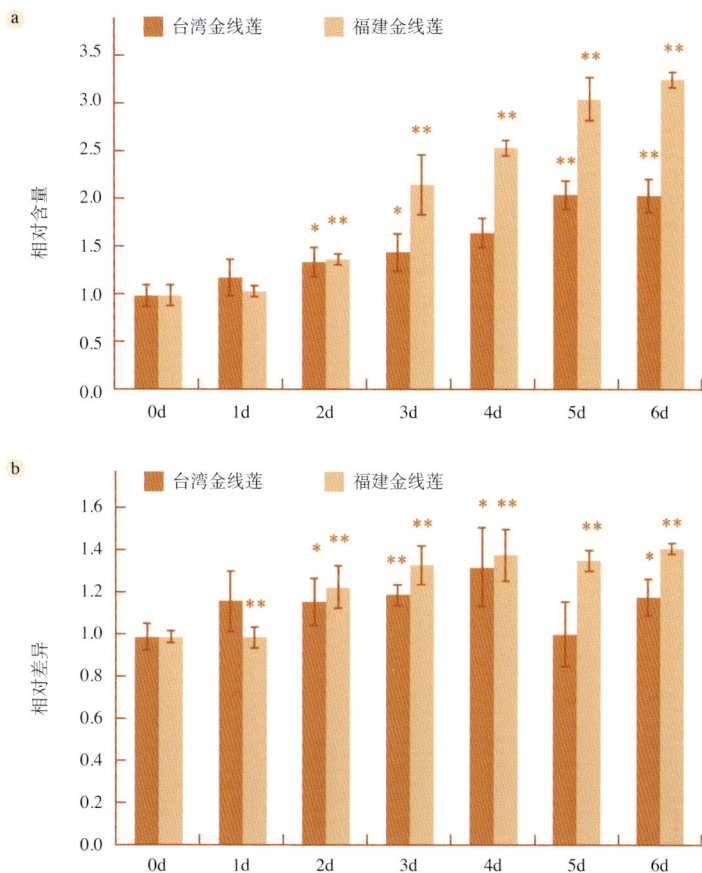

图 5-23　NaCl诱导下台湾金线莲和福建金线莲总黄酮含量和自由基清除率相对差异

a.总黄酮　b.自由基清除率

* 表示差异显著（$p<0.05$）；** 表示差异极显著（$p<0.01$）。

在NaCl诱导下，台湾金线莲的芦丁含量变化不大，而福建金线莲的芦丁含量却在第5天和第6天大幅度升高，第5天达到诱导前的21.28倍（图5-24a）。两种金线莲的槲皮素含量在NaCl诱导下有升高，在第2～5天升高较为明显（图5-24b）。

在NaCl诱导下，台湾金线莲和福建金线莲叶片的花青素含量均显著升高，在第5天达到最高峰（图5-25）。

适当浓度的NaCl诱导，可促进总黄酮的积累，有利于提高金线莲的药用价值，不会对植株造成明显的伤害，可用于金线莲人工栽培或组织培养。

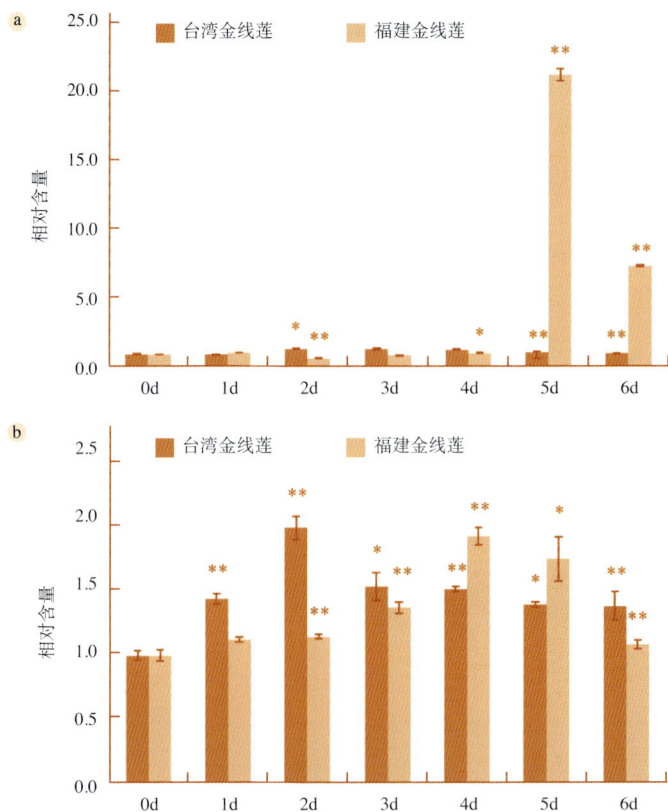

图 5-24　NaCl 诱导下台湾金线莲和福建金线莲芦丁和槲皮素的相对含量

a.芦丁　b.槲皮素

* 表示差异显著（$p<0.05$）；** 表示差异极显著（$p<0.01$）。

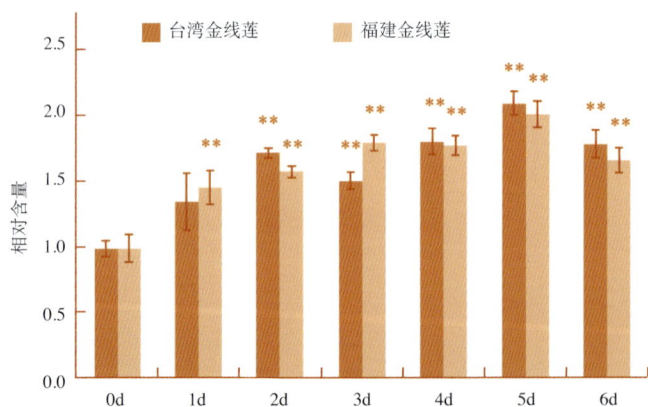

图 5-25　NaCl 诱导下台湾金线莲和福建金线莲叶片花青素相对含量

* 表示差异显著（$p<0.05$）；** 表示差异极显著（$p<0.01$）。

二、多胺处理对金线莲生长的影响

多胺（polyamines，PAs）是含有两个或两个以上氨基的低分子质量脂肪族氮碱，具有很强的生物活性。腐胺（putrescine，Put）、亚精胺（spermidine，Spd）和精胺（spermine，Spm）是植物体内的主要多胺，它们参与植物多种生理过程的调节，例如花发育、胚胎发育和器官形成等，还参与植物对生物胁迫及非生物胁迫的应答。

陈丹丹（2020）从温州雁荡山购进金线莲幼苗，选择生长健康、大小一致的植株进行分组种植，共分为10组，每组150株。2018年10月15日种植于浙江农林大学百草园试验基地中。栽培基质配方为有机肥料：腐殖质：河沙：珍珠岩=2：2：1：1（体积比），采用常规栽培管理。炼苗15d后，分别用3种浓度（0.03mmol/L、0.30mmol/L、3.00mmol/L）的腐胺（3个浓度依次记为Put1、Put2、Put3处理组）、亚精胺（3个浓度依次记为Spd1、Spd2、Spd3处理组）和精胺（3个浓度依次记为Spm1、Spm2、Spm3处理组）进行叶面喷施，以滴水为度，对照组（记为CK组）喷施清水，一周喷施一次，处理时间1个月。分别在花苞期（记为HB）、花开期（记为HK）、花谢期（记为HX）3个时期进行采样分析（图5-26）。生长期间对植株适当喷洒防治病虫害的药物。

图5-26　金线莲开花过程
a.花苞期　b.花开期　c.花谢期

试验通过对花开期金线莲鲜重、花梗长、茎粗和开花时间的观测，考察外源多胺对金线莲开花的影响，结果表明，不同类型及浓度的外源多胺对金线莲形态特征及开花时间有显著影响（表5-14）。对于外源腐胺，其浓度越高，花梗长和茎粗就越大，且腐胺浓度越高，金线莲开花时间越早，与CK组相比，Put1、Put2、Put3处理组开花时间分别提前了1d、4d和8d。比较不同浓度亚精胺对金线莲生长指标的影响可知，Spd1处理组的鲜重最大，是CK组的1.40倍，其次是Spd2与Spd3处理组，鲜重分别是CK组的1.24倍和1.18倍；4个处理组的花梗长差异显著，Spd1、Spd2、Spd3处理组分别是CK组的1.38倍、1.47倍和1.30倍；Spd2处理组开花最早，Spd1、Spd2、Spd3处理组分别较CK组开花提前了13d、14d和6d。比较不同浓度精胺对金线莲生长指标的影响可知，在鲜重和花梗长上，4个处理组大小依次为Spm2>Spm1>Spm3>CK，各处理之间差异显著；在茎粗上，Spm1处理组最大，其次是Spm2处理组，并且二者显著高于Spm3处理组与CK组；Spm2处理组开花最早，与CK组相比，Spm1、Spm2、Spm3处理组开花分别提前了12d、16d和7d。

表5-14　外源多胺对金线莲形态特征与开花时间的影响

处理	鲜重（g）	花梗长（cm）	茎粗（mm）	开花时间（年-月-日）
CK	1.32±0.03d	7.02±0.08d	2.80±0.06c	2018-12-03
Put1	1.68±0.04c	9.06±0.07c	2.79±0.02c	2018-12-02
Put2	2.29±0.09a	9.59±0.14b	2.98±0.08b	2018-11-29
Put3	1.83±0.12b	10.49±0.10a	3.24±0.06a	2018-11-25
CK	1.32±0.03c	7.02±0.08d	2.80±0.06c	2018-12-03
Spd1	1.85±0.08a	9.66±0.10b	2.83±0.09a	2018-11-20
Spd2	1.64±0.07b	10.34±0.08a	2.81±0.08a	2018-11-19
Spd3	1.56±0.07b	9.15±0.14c	2.56±0.07b	2018-11-27
CK	1.32±0.03d	7.02±0.08d	2.80±0.06c	2018-12-03
Spm1	2.12±0.09b	11.08±0.09b	3.08±0.05a	2018-11-21
Spm2	2.24±0.13a	11.23±0.14a	2.97±0.10b	2018-11-17
Spm3	1.54±0.12c	9.33±0.08c	2.79±0.07c	2018-11-26

注：数值是3次重复的平均值±标准误差，同列不同小写字母表示差异显著（$p<0.05$）。

喷施不同浓度的外源多胺，研究其对金线莲花芽分化的影响，考察金线莲外观形态特征，能够为金线莲的优良品种选育提供依据。

第五节　金线莲采收及产地加工技术

中药材加工（采收与产地加工）是中药材生产的一个重要环节。最早见于《礼记·月令》"孟夏月也……聚蓄百药"，其后历代医药著作多有中药材产地、采收、收藏的相关记载，表明古人已经认识到中药材产地加工的重要性，并对产地、采收时节、产地加工方法、储藏等提出了具体要求。如《千金翼方》指出："凡药皆须采之有时日，阴干曝干，则有气力。若不依时采之，则与凡草不别，徒弃功用，终无益也。"《本草蒙筌》总结中药采制的原则，并专列出"出产择地土""采收按时月""藏留防耗坏"等加工学传统理论。而确定适宜采收时期，就必须把有效成分的累积动态与药用部分的产量变化结合起来考虑。

一、采收及产地初加工

（一）采收时间和方法

金线莲栽培4～6个月后，植株高度10cm以上，5～6片叶时即可采收。选择晴天露水干后进行采收。采收时用小铁锹铲松栽培基质，将金线莲植株连根拔起。

（二）初加工

鲜品的整理需要经过挑选、除杂，置阴凉潮湿处；干品的加工要以金线莲鲜品为原料，经清洗，采用一定干燥工艺制干，含水量≤12%，置于通风干燥处，防潮。

（三）产品要求

1.金线莲鲜品、干品质量等级指标　见表5-15。

表5-15　感官指标

项目	金线莲鲜品	金线莲干品
色泽	叶表面暗紫色或黑紫色，有细鳞片状突起，具金红色带有绢丝光泽的网脉，背面淡紫红色	叶表面深褐色，叶脉橙红色，茎断面棕褐色

（续）

项目	金线莲鲜品	金线莲干品
气味	气微，味淡微甘	气香，味淡微甘
形态特征	植株硬挺，根状茎匍匐，伸长，肉质，具节，节上生根。茎直立，肉质，圆柱形。叶为卵椭圆形，互生，先端近急尖或稍钝，基部近截形或圆形，骤狭成柄；叶柄基部扩大成抱茎的鞘	干燥全草常缠结成团，茎具纵皱纹，叶互生，呈卵圆形，先端急尖，叶柄短，基部呈鞘状
显微性状	本品粉末为非腺毛单细胞，壁薄，多破碎，平直或扭曲成螺旋状。上表皮细胞呈椭圆形或三角状椭圆形，乳头状突起。草酸钙针晶束多见，薄壁细胞近圆形，内含物黄棕色	

2. 理化指标　见表5-16。

表5-16　理化指标

项　　目	金线莲鲜品	金线莲干品
多糖（%）　≥	6.0（以干基计）	6.0
黄酮（%）　≥	0.6（以干基计）	0.6
水分（%）　≤	—	12

3. 安全卫生指标及检验方法　组批规则为同一生产单位、同一品种、同一包装（或采收）日期的产品作为一个检验批次。

抽样方法根据《中华人民共和国药典》2010版一部附录 ⅡA 药材取样法执行。

检验分类分为交收检验和型式检验。其中交收检验是每批产品交收前，生产单位都要进行交收检验。交收检验内容包括感官、标志和包装。检验合格并附合格证后方可验收。型式检验是对产品进行全面考核，即对本部分规定的全部要求进行检验。

有下列情形之一者应进行型式检验：国家质量监督机构或行业主管部门提出型式检验要求；因人为或自然因素使生产环境发生较大变化。

4. 判定原则　若各检测项目的结果均符合上述各项指标要求，则判该批产品为合格品；若测得结果不符合上述各项指标要求的，允许对不合格项目重新取样复测，复测仍有一项不合格的，则判该批产品为不合格品。

（四）标识、包装、储存与运输

1. 标识　包装储运图示标志按GB/T 191《包装储运图示标志》规定执行。

种苗应附有标签，标明种苗名称、等级、数量、批号、产地、生产单位、保存期等。产品应附标签，标明产品名称、生产单位名称、详细地址、生产日期、批号、质量等级、保存期、净含量、产品标准号和商标等内容，标签要醒目、整齐，字迹应清晰、完整、准确。

2. 包装 种苗应用洁净、无污染、透气的篓筐或竹筐等包装。产品包装应符合牢固、整洁、防潮、美观的要求。包装材料应符合食品级的要求。

3. 储存 储存仓库要求清洁无异味，远离有毒、有异味、有污染的物品；通风、干燥、避光，配有除湿装置，并能防虫、鼠、畜禽危害。产品存放于货架上，与四周墙壁保持50cm以上距离。金线莲鲜品储存于4℃冷藏库中。

4. 运输 种苗运输时不能堆压过紧，装运的车厢应有空调。跨县级行政区域调运金线莲种苗应按有关规定办理出运手续，并应附有植物检疫证书。产品运输工具应清洁卫生、干燥、无异味，不应与有毒、有异味、有污染的物品混装混运。运输途中应防雨、防潮、防暴晒。

（五）档案管理

实施金线莲生产信息体系建设和管理，栽培单位应保存完整、真实的产地环境质量资料及生产栽培管理和销售记录。生产栽培管理和销售记录包括投入物品的品种、来源、数量、购买时间与地点、用法、使用时间，种植管理操作的时间、方法，收获与初加工的时间、方法，操作人员，产品销售等。档案保存不少于3年。

二、不同加工方式对金线莲品质的影响

在储藏期间，新鲜的金线莲容易变质，重量和营养物质的损失、褐变、软化和腐烂等问题导致其保质期短，大幅度降低了金线莲的价值并限制其产业发展。然而，干燥技术可以通过降低金线莲的含水量来延长保质期，便宜又便利。干燥技术是最古老的食品保鲜技术之一，通过调节温度和湿度，从食物中除去水分以阻止水分介导的变质作用，并防止微生物生长和繁殖。在金线莲干燥过程中，会发生一些不可逆的化学和生物反应，并伴随着一些结构性、物理性或机械性的改变。这些包括色素的降解、感官品质的丧失、酶的失活、营养物质和香味的损失及形状和质地的变化。然而，如果干燥过程可以在受控和合适的条件下进行，则可以将这些新鲜金线莲的性质较大限度地保持。

近年来，电子鼻（E-nose）和气相色谱-质谱（GC-MS）已被用于分析食品香气，成为检测食品中风味特征变化的重要方法。E-nose对气味信息敏感，挥发性化合物的微小变化即会导致传感器反应的差异。此外，从E-nose获得的信息表示样品中总挥发物的总体分布，其可以用作样品的指纹特征。由于E-nose具有灵敏度高、效率高、操作方便等优点，现已广泛应用于食品、饮料、化妆品、医药、农业等领域。此外，E-nose技术已被用于分析金针菇、白松露菌、乌龙茶、洋葱和甘草等的风味特征。

在本研究中，比较了5种干燥方法对金线莲感官品质、香气成分和生物活性成分的影响。此外，使用E-nose技术和顶空固相微萃取（HS-SPME）与GC-MS结合评估了金线莲的总体风味质量变化。优选出能最大限度地保持金线莲鲜品质量的干燥方法，以促进金线莲产业的发展。

（一）折干率及干燥时间

不同干燥方法的样品折干率及干燥时间分别为：热风干燥，12.2%，14h；微波干燥，11.8%，1.5h；真空干燥，12.3%，16h；自然干燥，17.1%，576h；冷冻干燥，11.7%，78h（图5-27）。自然干燥受天气影响较大，若无充足的阳光照射，金线莲样品较难完全干燥，因此，除了自然干燥的折干率为17.1%外，其他4种干燥方法的样品折干率都在12%左右。比较5种不同干燥方法的

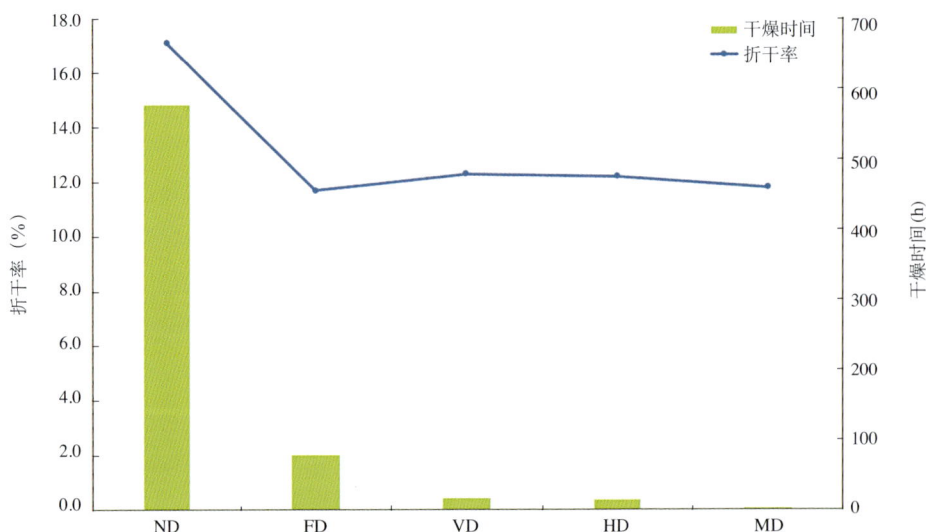

图5-27 不同干燥方法的金线莲干燥时间和折干率

ND：自然干燥　FD：冷冻干燥　VD：真空干燥　HD：热风干燥　MD：微波干燥

干燥时间，自然干燥耗时最长，其次是冷冻干燥，再次是热风干燥和真空干燥且二者耗时相近，而耗时最短、干燥效率最高的是微波干燥，只需1.5h。此结果表明，微波干燥和真空干燥具有替代目前广泛应用的热风干燥的潜力，而近年兴起的冷冻干燥具有耗时长、效率低的缺点。

（二）不同干燥方法对金线莲外观性状的影响

外观性状上，经过不同方法干燥后的金线莲具有一定的差异性（图5-28）。

自然干燥：全株棕褐色，皱缩明显。

热风干燥：全株棕褐色，皱缩明显，质脆。

微波干燥：全株棕褐色，皱缩明显，表面硬化，质脆，香气浓郁。

真空干燥：全株棕褐色，皱缩明显，质脆。

冷冻干燥：叶片棕褐色，泛白，透光显绿，根茎显灰绿色，呈松脆的海绵状，易粉碎，基本无皱缩。

图5-28　不同干燥方法处理后的金线莲植株
a.新鲜植株　b.热风干燥（HD）　c.微波干燥（MD）　d.真空干燥（VD）
e.冷冻干燥（FD）　f.自然干燥（ND）

通过进一步的色差值对比发现，不同干燥方法的a^*值为1.267～5.683，

$b*$ 值为9.067 ～ 13.550，L^* 值为28.817 ～ 38.567，其中冷冻干燥（a^*=2.550；b^*=9.600；L^*=38.567）和真空干燥（a^*=4.15；b^*=11.667；L^*=33.650）的色差值与金线莲鲜株最为接近，即这两种干燥方法最能保持金线莲鲜株的外观性状（表5-17）。

表5-17　不同干燥方法对金线莲色差值的影响

干燥方法	a^*	b^*	L^*
ND	5.683±5.683 0a	9.283±0.495 6c	30.133±2.669 6c
FD	2.550±0.258 8d	9.600±1.013 9c	38.567±1.977 5a
VD	4.150±0.242 9b	11.667±0.575 0b	33.650±3.374 5b
HD	1.467±0.301 1e	10.300±1.129 6c	28.817±2.236 4c
MD	1.267±0.250 3e	9.067±0.882 4c	30.083±1.978 3c
FP	2.933±0.320 4c	13.550±1.005 5a	30.367±1.942 9c

注：ND为自然干燥；HD为热风干燥；MD为微波干燥；VD为真空干燥；FD为冷冻干燥；FP为鲜株；下同。同列不同小写字母表示差异显著（$p<0.05$）。

（三）不同干燥方法对金线莲香气品质的影响

金线莲鲜株经不同干燥方法处理后，通过人体嗅觉能大致感受到经自然干燥和冷冻干燥的样品与其他3种干燥方法干燥后的样品的香气差异较大，其中，微波干燥后的金线莲样品的香气最为浓郁。为了更准确地评价不同干燥方法对金线莲香气品质的影响，采用了结合GC-MS与E-nose的分析方法对金线莲香气进行分析。

1.GC-MS分析　通过采用GC-MS分析不同干燥方法处理后金线莲样品的香气成分可知，金线莲干品的香气成分主要是由2（5H）-furanone和3，5，5-trimethyl-2-cyclohexen-1-one所组成，但不同干燥方法处理的样品香气成分有所差异（表5-18）。5种干燥方法相比较，自然干燥和冷冻干燥的香气成分较相近，而热风干燥、微波干燥和真空干燥三者较相近，后三者中的2（5H）-furanone占比最高，2（5H）-furanone自身不具有芳香性，但实际上，在一些反应中它会共振成为另一个结构，即2-羟基呋喃（2-呋喃醇），所以会呈现出芳香性。自然干燥的样品香气成分主要由2-hexene（30.48%）、3，5，5-trimethyl-2-cyclohexen-1-one（19.76%）和2（5H）-furanone（18.92%）组成；冷冻干燥的样品香气成分主要由2-hexene（36.96%）、2（5H）-furanone

（11.01％）、3，5，5-trimethyl-2-cyclohexen-1-one（10.66％）和undecane（10.66％）组成；热风干燥的样品香气成分主要由2（5*H*）-furanone（46.03％）、3，5，5-trimethyl-2-cyclohexen-1-one（11.29％）和undecane（5.06％）组成；微波干燥的样品香气成分主要由2（5*H*）-furanone（87.69％）、3，5，5-trimethyl-2-cyclohexen-1-one（3.18％）和undecane（3.28％）组成；真空干燥的样品香气成分主要由2（5*H*）-furanone（78.13％）、3，5，5-trimethyl-2-cyclohexen-1-one（10.49％）和undecane（3.89％）组成。

表5-18　不同干燥方法对金线莲香气成分的影响

编号	香气成分	分子式	干燥方法（峰面积占比，％）				
			ND	HD	MD	VD	FD
1	2-hexene	C_6H_{12}	30.48	nd	nd	nd	36.96
2	hydroxylamine, *O*-decyl-	$C_{10}H_{23}NO$	7.57	nd	nd	nd	nd
3	3,5,5-trimethyl-2-cyclohexen-1-one	$C_9H_{14}O$	19.76	11.29	3.18	10.49	10.66
4	nonadecane	$C_{19}H_{40}$	4.96	nd	1.46	nd	nd
5	1,3-cyclohexadiene,1-methyl-4-(1-methylethyl)-	$C_{10}H_{16}$	2.91	nd	nd	nd	nd
6	2（5*H*）-furanone	$C_4H_4O_2$	18.92	46.03	87.69	78.13	11.01
7	undecane	$C_{11}H_{24}$	nd	5.06	3.28	3.89	10.66
8	tetradecane	$C_{14}H_{30}$	nd	1.10	nd	nd	nd
9	4-（2,6,6-trimethyl-2-cyclohexen-1-yl）-3-buten-2-one	$C_{13}H_{20}O$	nd	2.17	nd	nd	nd
10	4-（2,6,6-trimethyl-1-cyclohexenyl）-3-buten-2-one	$C_{13}H_{20}O$	nd	1.78	nd	nd	nd
11	2（4*H*）-benzofuranone,5,6,7,7a-tetrahydro-4,4,7a-trimethyl-	$C_{11}H_{16}O_2$	nd	3.45	nd	nd	nd
12	nonadecane	$C_{19}H_{40}$	nd	nd	1.46	nd	nd
13	hexacosane	$C_{27}H_{56}$	nd	nd	0.48	nd	nd
14	8-methylheptadecane	$C_{18}H_{38}$	nd	nd	0.27	nd	nd
15	hexadecane, 7,9-dimethyl-	$C_{18}H_{38}$	nd	nd	nd	0.99	nd
16	2（4*H*）-benzofuranone,5,6,7,7a-tetrahydro-4,4,7a-trimethyl-	$C_{11}H_{16}O_2$	nd	nd	nd	0.67	nd
17	hexadecanoic acid, methyl ester	$C_{17}H_{34}O_2$	nd	nd	nd	0.76	nd
18	9,12-octadecadienoicacid, methyl ester,（*E*,*E*）-	$C_{19}H_{34}O_2$	nd	nd	nd	0.65	nd

（续）

编号	香气成分	分子式	干燥方法（峰面积占比，%）				
			ND	HD	MD	VD	FD
19	2（3*H*）-furanone,dihydro-4-hydroxy-	$C_4H_6O_3$	nd	nd	nd	nd	3.86
20	octadecanoic acid,ethyl ester	$C_{20}H_{40}O_2$	nd	nd	nd	nd	1.08
21	hexadecanoic acid, ethyl ester	$C_{18}H_{36}O_2$	nd	nd	nd	nd	1.85

2. 电子鼻（E-nose）分析　E-nose 是模拟嗅觉器官开发出的一种高科技产品。它是利用气体传感器阵列的响应图案来识别气味的电子系统。不同干燥方法处理后的金线莲样品通过 E-nose 分析后，得到了如图5-29所示的响应曲线，可视为金线莲的气味特征"指纹图谱"。由图5-29可知，E-nose 的10个传感器对不同干燥处理后的金线莲样品的气味响应值差异明显，其响应值大小为自然干燥：S1>S2>S4>S5>S10>S6>S7>S8>S3>S9；冷冻干燥、真空干燥、热风干燥、微波干燥：S1>S2>S4>S8>S10>S5>S6>S7>S3>S9。由主成分分析图（图5-29f）可以看出，热风干燥、微波干燥和冷冻干燥的样品气味较相近，这三者与自然干燥和真空干燥的样品香气差异较大，而且自然干燥和真空干燥的样品香气之间的差异也较大。其中，传感器S1对金线莲干品气味的响应值最高（VD=4.07>ND=3.55>MD=3.31>HD=2.77>FD=2.64），其次是传感器S2（VD=3.92>ND=3.41>MD=2.34>HD=1.93>FD=1.92），第三是传感器S4（VD=2.86>ND=2.62>MD=1.86>HD=1.60，FD=1.60）。

传感器S1主要检测氨气、胺类物质，传感器S2主要检测硫化氢、硫化物，传感器S3主要检测氢气，传感器S4主要检测乙醇、有机溶剂，传感器S5主要检测食物烹调过程中挥发性气体，传感器S6主要检测甲烷、沼气、碳氢化合物，传感器S7主要检测可燃性气体，传感器S8主要检测VOC（挥发性有机化合物），传感器S9主要检测氮氧化合物、汽油、煤油，传感器S10主要检测烷烃、可燃气体。因此，金线莲干品香气主要由胺类、硫化物、烷烃和挥发性有机化合物所共同作用而形成。此结果表明，金线莲干品中胺类化合物的相对含量最高。胺类化合物广泛存在于生物界，具有极重要的生理活性和生物活性，如蛋白质、核酸、许多激素、抗生素和生物碱等都是胺的复杂衍生物，临床上使用的大多数药物也是胺或者胺的衍生物。与GC-MS分析方法相比，E-nose分析方法所得到的气味特征"指纹图谱"能更为直观地看出不同干燥样品间的香气差异，具有高效、直观、便携等优点。

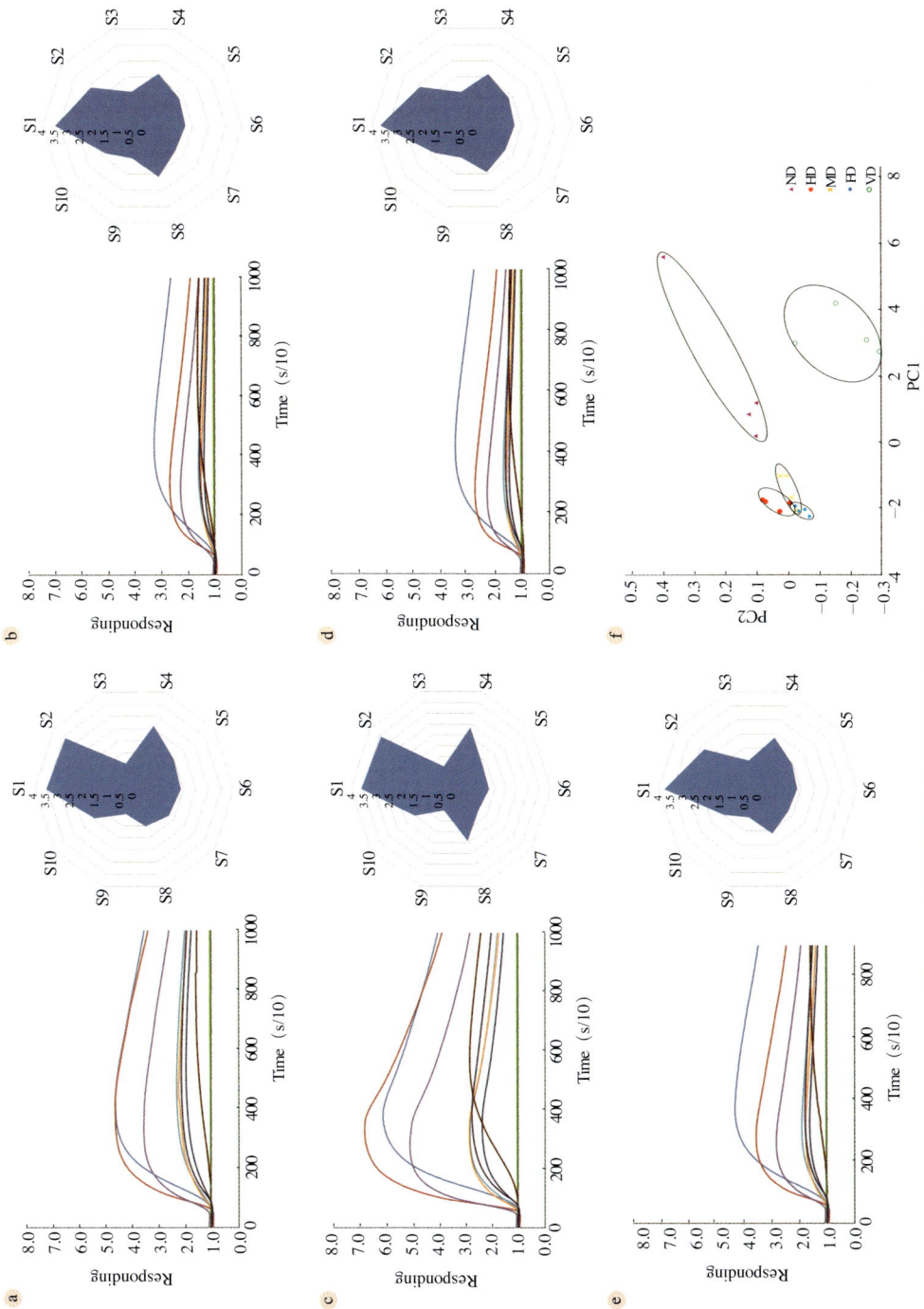

图5-29 不同干燥方法处理后金线莲的电子鼻响应曲线和主成分分析

a. 自然干燥 (ND) b. 冷冻干燥 (FD) c. 真空干燥 (VD) d. 热风干燥 (HD) e. 微波干燥 (MD) f. 主成分分析

3. 电子舌（E-tongue）分析

电子舌是一种由低选择非特异性的交互敏感传感器阵列，通过检测电脉冲信号的变化，配以合适的模式识别方式和多元统计方法的定性定量分析以区分食物风味的现代化检测仪器。本试验所用的电子舌的5个传感器分别是铂金、钯、钨、钛、银。由电子舌主成分分析图（图5-30a）可以看出，热风干燥、微波干燥、真空干燥和冷冻干燥的样品风味较相近，而这四者与自然干燥样品风味之间的差异较大。与E-nose的主成分分析图相比较可知，自然干燥样品与其他四者在香气和风味上都具有明显的差异，热风干燥、微波干燥和冷冻干燥样品在香气和风味上都很接近。真空干燥样品的香气与热风干燥、微波干燥和冷冻干燥样品的香气差异显著，而其风味则与这三者较相近。将5种不同干燥方法干燥的金线莲样品用沸水泡茶，提供给44位感官评价员进行感官评价试验，其中男性受试者20位，女性受试者24位。感官评价结果（图5-30b）显示，女性受试者更喜欢自然干燥后的金线莲茶的香气和风味，而男性受试者更喜欢微波干燥后的金线莲茶，总体来说，微波干燥后的金线莲茶更受受试者的青睐。

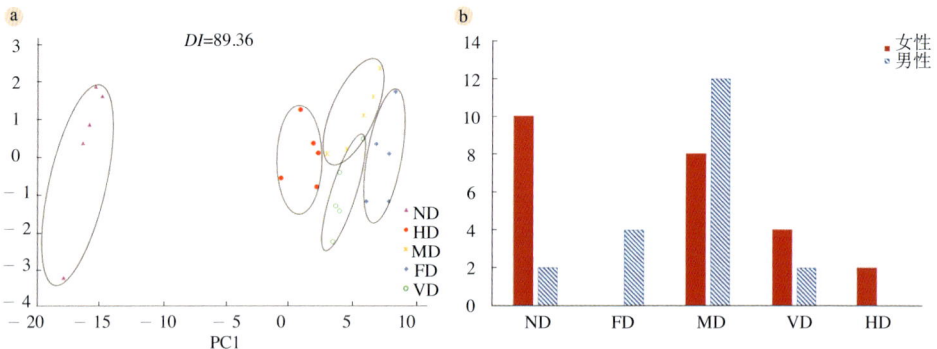

图5-30　不同干燥处理后的金线莲风味评价

a. 电子舌响应主成分分析　b. 人体感官评价

（四）不同干燥方法对金线莲活性成分含量的影响

由表5-19可知，传统的自然干燥法使金线莲植株中的多糖（120.67mg/g，以干重计）、黄酮（9.22mg/g，以干重计）和多酚（14.33mg/g，以干重计）损失严重，降低了其药用疗效和保健价值。而近年来兴起的冷冻干燥技术，在维持金线莲活性成分含量方面的表现也远远低于期待值，除了黄酮（13.44mg/g，以干重计）外，金线莲多糖（123.56mg/g，以干重计）和多酚（14.00mg/g，以干重计）的损失度与传统自然干燥相差无几。经微波干燥后，金线莲多糖（95.56mg/g，以干重计）损失严重，其含量甚至低于传统自然干燥，但能较好地保持多酚（19.22mg/g，以干重计）和黄酮（11.44mg/g，以干重计）含量。热风干燥是目前应用最广的干燥技术，试验表明，其能最大限度地保持金线莲的多糖含量（149.56mg/g，以干重计），且样品中的多糖和多酚含量（17.33mg/g，以干重计）与真空干燥样品差异不显著，但热风干燥在维持金线莲黄酮含量（11.00mg/g，以干重计）的能力上显著低于真空干燥。真空干燥维持金线莲多糖（136.78mg/g，以干重计）和黄酮（14.22mg/g，以干重计）含量的能力显著优于其他4种干燥方法，但在维持多酚（17.56mg/g，以干重计）含量的能力上稍弱于微波干燥。不同干燥方法金线莲的多糖含量为HD>VD>FD>ND>MD，黄酮含量为VD>FD>MD>HD>ND，多酚含量为MD>VD>HD>FD>ND。此结果表明，真空干燥在维持金线莲活性成分（多糖、黄酮、多酚）含量方面具有显著优势。

表5-19　不同干燥方法对金线莲活性成分含量的影响

干燥方法	多糖 （mg/g，以干重计）	黄酮 （mg/g，以干重计）	多酚 （mg/g，以干重计）
ND	9.22 ±2.05c	14.33 ±1.12c	120.67 ±14.56c
FD	13.44 ±1.79a	14.00 ±1.00c	123.56 ±10.61b
VD	14.22 ±1.79a	17.56 ±1.94b	136.78 ±27.82a
HD	11.00 ±1.12b	17.33 ±0.50b	149.56 ±12.20a
MD	11.44 ±1.59b	19.22 ±1.20a	96.56 ±11.44d

注：ND为自然干燥；HD为热风干燥；MD为微波干燥；VD为真空干燥；FD为冷冻干燥。同列不同小写字母表示差异显著（$p<0.05$）。

虽然受试者更青睐微波干燥后的金线莲茶，但受受试者的人数限制，感官评价的结果仅供参考。综上所述，真空干燥能最大限度地保持金线莲植株的原有色泽和外观形态，且在香气方面也表现较佳。最重要的是，其在维持金线莲活性成分（多糖、黄酮、多酚）含量方面具有显著优势。另外，真空干燥的干燥时间与热风干燥相近，故此，可以认为真空干燥方法更适用于金线莲植株的干燥，能在各方面最大限度地维持其自身价值。

第六章 / 金线莲有问必答与食谱

第一节　金线莲问答

一、药用功效问答

1.金线莲的主要功效是什么？

保肝护肝。通过增强肝组织清除自由基的相关酶的活性，抑制脂质过氧化反应，稳定细胞膜，减轻肝细胞脂肪变性、坏死和炎症细胞浸润程度，增强免疫力，改善肝脏病理组织学病变，缓解血脂代谢紊乱，改善肝脏脂质代谢，修复肝损伤等。大量实验证明金线莲对四氯化碳（CCl_4）肝损伤、酒精性肝病、非酒精性脂肪性肝病、自身免疫性肝炎、抗胆汁淤积性肝损伤、肝纤维化等均有显著疗效。

2.金线莲的保健和药用功能有科学依据吗？

有科学依据。

金线莲在诸多医书中均有记载，如《全国中草药汇编》记载其具有清热凉血、除湿解毒等功效。《中药辞海》（第二卷）中记载，金线莲主治肺结核咳血、糖尿病、膀胱炎、重症肌无力、风湿性及类风湿性关节炎、毒蛇咬伤。《新华本草纲要》记载，金线莲味甘、性平，有凉血平肝、清热解毒的功能，用于肺痨咳血、糖尿病、肾炎、膀胱炎、小儿惊风、毒蛇咬伤。

现代研究表明，金线莲中含有金线莲苷、多糖、黄酮等化学成分，有增强免疫力、保肝护肝、降血糖、抗氧化等药理活性。但金线莲不能"包治百病"，更不是"长生不老药"，不可轻信部分商家的夸大宣传，也不可误导消费者。

3.金线莲可以祛痘吗？

可以。

金线莲能调节内分泌，抑制过多油质分泌，促进皮肤细胞的新陈代谢。而且，金线莲能提高皮肤末梢血管的扩张与收缩等运动性，促进皮肤细胞的循环，防止不饱和脂肪酸变成过氧化脂质，使皮肤细胞恢复年轻，也可有效预防各种黑斑、雀斑和老年斑。

4.金线莲用在化妆品中有什么功效？

金线莲具有清除自由基、抗氧化和免疫调节作用，可用于化妆品中，起到抗皮肤衰老、使面部光润的作用，能帮助清除粉刺和祛皱。

5.金线莲对肾炎有帮助吗？

有帮助。

《全国中草药汇编》中记载金线莲可用于肾炎、膀胱炎等症。

6.金线莲可以治疗炎症吗？

可以。

奥美拉唑联合金线莲治疗幽门螺杆菌（*Hp*）感染的60例临床观察显示，以质子泵抑制剂（奥美拉唑）联合金线莲为基础的根除方案优于以铋剂联合2种抗生素为基础的方案。质子泵抑制剂联合金线莲对中医辨证为气滞证、郁热证、瘀血证的*Hp*感染的根治率高于阴虚证、虚寒证的根治率。金线莲喷雾剂治疗手足口病口腔疱疹临床观察显示，治疗组症状消失平均2d左右，对照组症状消失平均4d左右，显示出金线莲喷雾剂能更好地改善患儿口腔疼痛的症状。

7.金线莲有利于肝脏排毒吗？

有利于肝脏排毒。

金线莲对不同类型的肝损伤具有良好的预防作用。金线莲水提取物剂量达到4g/kg时对已经造成的肝损伤可起到很好的治疗效果。金线莲醇提取物和醇沉淀物均能显著降低血清转氨酶的水平，增强肝组织清除自由基的相关酶的活性，降低脂质过氧化反应的终产物含量。

8.金线莲对糖尿病有帮助吗？

有帮助。

现代研究表明，金线莲中所含金线莲苷等活性成分，具有修复受损胰岛细胞、恢复正常胰岛素分泌的药理活性。以金线莲为主要原料的中成药，如复方金线莲胶囊，在临床上已用于糖尿病的治疗。

9.金线莲对癌症治疗有辅助作用吗？

有辅助作用。

试验应用金线莲多糖处理人前列腺癌细胞株，结果表明金线莲多糖对人前列腺癌细胞株的增殖具有显著的抑制作用，呈剂量和作用时间依赖性。另有研究表明，金线莲挥发油对人肺癌细胞有抑制作用；金线莲多糖对人慢性白血病粒细胞、肝癌、胃癌均有一定程度的抑制作用。台湾金线莲的水溶性多糖对肝癌细胞、宫颈癌细胞、肺腺癌细胞和人乳癌细胞均具有较好的杀伤作用。对金线莲组织培养苗提取物的抗肿瘤作用进行考察，体外抗肿瘤试验结果显示，提取物对5种人源肿瘤细胞（人白血病细胞株、人脑胶质瘤细胞株、人肝癌细胞株、人肺癌细胞株、人结肠癌细胞株）均有较强的生长抑制作用；体内抗肿瘤试验结果显示，连续灌胃给药7d，可以显著抑制小鼠移植性肿瘤的生长，且对荷瘤小鼠的免疫器官没有影响，提取物具有良好的抗肿瘤作用，且不产生环磷酰胺样免疫抑制作用。

二、食用方法问答

1.金线莲可以作日常保健品吗？

可以。

金线莲具有清热凉血、除湿解毒、扶正固本、生津清肝等功效，福建、浙江、台湾地区民间长期将其作为日常保健品。金线莲含有丰富的营养成分和药用成分，在食疗方面可制成多种药膳、药粥、药酒及药茶等。2022年7月，福建省地方标准DBS 35/006—2022《食品安全地方标准　金线莲》正式实施，2024年4月，云南省食品安全地方标准DBS 53/038—2024《金线莲》正式发布，表明金线莲可作为日常使用的食品。浙江、江西等省的金线莲食品安全地方标准也均已立项。

2.金线莲适合泡茶吗？

适合。

金线莲的传统用法是将金线莲用开水泡饮或用水煎服。制作方法：①将金线莲洗净；②在电茶壶或者煲汤的砂锅中加入水，烧开；③将洗净的金线莲放进电茶壶或砂锅中，煮8～10min，关火即可；④如果喜欢喝口感略甜的，可以加入一些冰糖或红枣。

3.金线莲喝起来是什么味道？

金线莲喝起来味道比较清淡、甘甜。但经过不同的加工工艺后，金线莲泡水的味道也不尽相同。

4.用金线莲泡水是依据颜色深浅来判断优劣吗？

不是。

金线莲泡水的颜色并不是用来衡量金线莲品质优劣的主要因素，金线莲泡水的颜色主要取决于品种和加工工艺。

5.金线莲可以用来煲汤吗？

可以。

金线莲干品和鲜品均可与鸡、鸭、排骨等煲汤食用，也可加入火锅中作为养生食材底料，以滋补身体和预防相应疾病。

6.金线莲的根是否可以食用？

可以食用。

金线莲全株可食，其根、茎、叶中均含有金线莲苷、多糖、黄酮、多种微量元素等成分，有益于身体健康。

7.金线莲鲜品如何食用？

（1）鲜食法。金线莲鲜品洗净后可直接食用，也可以与蜂蜜、炼乳一起食用，增加风味。

（2）鲜汁法。将金线莲鲜品与其他水果混合打磨成果汁（可加蜂蜜或冰糖），或用来做成上汤金线莲，或与其他食物做成清汤。

（3）煎煮法。金线莲鲜品20～30g洗净放入茶壶（陶罐最佳）中，加1 000mL左右的水，水开之后煮3～5min即可关火，汤水由烫转温后即可饮用。可加冰糖调味，将余渣一同食用效果最佳。

8.金线莲不适合哪些人群服用？

金线莲能入肾、心、肺三经，具有调和五脏、保肝护肝、解酒等功效，是药性平和的中草药，可作为保健茶来饮用。除孕妇、幼儿和特殊过敏体质人群外，一般人群皆可饮用。

9.孕妇可以服用金线莲吗？

金线莲需要根据个人体质的不同进行选择，孕妇不宜食用。

三、栽培技术问答

1.金线莲适合在怎样的环境下生长？

将土壤含水量控制在25%～40%，空气相对湿度控制在70%～80%下较为适合金线莲生长。

2.金线莲适合什么样的种植环境？

需要选择生态条件良好、水源清洁、排水良好、立地开阔、通风的平地或坡地，坡地坡度应小于20°，要求周围5km内无工业厂矿、无"三废"污染、无垃圾场等其他污染源，并距离交通主干道500m以外的生产区域。土壤应符合GB 15618—2018《土壤环境质量　农用地土壤污染风险管控标准（试行）》规定的标准。

3.怎样配制适合金线莲生长的基质？

金线莲栽培基质包括泥炭土、炭化谷壳、河沙、珍珠岩等。基质在使用前用0.5%高锰酸钾溶液进行消毒处理，基质厚度为10～15cm。可以将基质铺设于种植箱内，也可以直接将基质铺设于地面。

4.金线莲林下种植需要什么样的生长环境？

野生金线莲一般生长在海拔300～1 200m阔叶林树木下的潮湿地带，性喜阴凉潮湿，生长适温20～32℃，忌直射光，喜漫射光，在枯枝落叶多、腐殖质层厚的疏松土壤中生长良好。

5.金线莲种植土壤一般用什么药进行消毒？

其一，可通过暴晒进行土壤消毒。晾晒中可喷洒65%代森锌可湿性粉剂500～600倍液，加50%辛硫磷乳油，随喷洒随翻拌，杀虫灭菌更好。

其二，可通过药剂进行土壤消毒。

①石灰粉：在翻耕后的土地上，按每平方米30～40g的剂量撒入石灰粉进行消毒；或每立方米培养土中施入石灰粉90～120g，充分拌匀。用石灰粉进行土壤消毒，既可杀虫灭菌，又能中和土壤的酸性，因此，多在南方针叶腐殖质土中使用。

②甲霜灵、代森锰锌：每平方米苗床用25%甲霜灵可湿性粉剂9g，加70%代森锰锌可湿性粉剂10g兑细土4～5kg拌匀，用其1/3撒在种子下面，即撒即播种，播种后用剩下的2/3盖在种子上面。

6.种植金线莲最适宜的时间是什么时候？

浙江低海拔地区以每年3～4月移栽为宜，按照（3～5）cm×（3～5）cm株行距栽种，移栽时宜浅忌深，以第一条根接触基质为宜。

7.金线莲的种植周期有多久？

金线莲栽培6～8个月后，植株高度10cm以上，长有5～6片叶时即可采收。

8.金线莲的管理要求是什么？

管理要求包括5个方面：光照、温度、水分、施肥、除草。

（1）光照。通过调节遮阳网透光率，将光照度控制在3 000～5 000lx。

（2）温度。金线莲适宜生长温度为20～32℃。高温和低温季节，进行人工升降温调节。

（3）水分。栽种后30d内，空气相对湿度保持在80%～90%。栽种30d后，空气相对湿度保持在75%～85%，栽培基质含水量控制在50%～55%。如遇伏天干旱，可在早晚喷雾。多雨季节应及时清沟排水降低湿度。

（4）施肥。栽种15d后，用氨基酸液体肥料1000倍液喷施1次。栽种30d后，用花宝或磷酸二氢钾1000倍液，每隔15～20d喷施1次，采收前20d停止施肥。

（5）除草。栽种后应及时人工除去栽培场地杂草，禁止使用化学除草剂除草。

9. 金线莲有哪些病害？应如何防治？

金线莲常见的病害有茎腐病和软腐病等。危害严重时死亡率达90%以上，给种植户带来巨大的经济损失。

（1）茎腐病。发病时植株茎基部出现黄褐色水渍状病斑，很快发展至绕茎一周，病部组织腐烂干枯缢缩，呈线状。病势发展迅速，幼苗迅速倒伏死亡，出现猝倒现象。

可用30%甲霜·噁霉灵水剂800倍液喷雾防治，一般每隔7d喷1次，喷2～3次。

（2）软腐病。主要通过昆虫、雨水、农具等造成的伤口和植株叶片的水孔、气孔侵染。发病初期叶片表面出现黑褐色斑点，犹如水渍状，继而扩大，危及整张叶片，使叶片迅速软腐，有明显汁液流出，最后造成植株死亡。

可用30%甲霜·噁霉灵水剂800倍液喷雾防治，一般每隔7～10d喷1次，喷2～3次。

10. 金线莲有哪些虫害？应如何防治？

（1）软体动物。蜗牛和蛞蝓在整个生长期都可危害，常咬食嫩芽、嫩叶。一般白天潜伏阴处，夜间爬出活动危害，雨天危害较重。

主要防治方法：用菜叶或青草毒饵诱杀。即用50%辛硫磷乳油0.5kg加鲜草50kg拌湿，于傍晚撒在田间四周或沟边诱杀；在畦四周撒石灰，或用6%四聚乙醛颗粒剂拌细沙撒施，防止蜗牛和蛞蝓爬入畦内危害。

（2）红蜘蛛及螨类。以成虫和若虫在叶片上吸取汁液，造成被害叶面出现黄色小点，严重时变黄枯焦，直至脱落，植株枯死。

主要防治方法：用10%联苯菊酯乳油3000倍液或20%甲氰菊酯乳油2000倍液进行喷雾。

（3）地下害虫。主要是蝼蛄和小地老虎，蝼蛄在土中咬食幼苗根茎，呈乱麻状断头，造成幼苗死亡；三龄前小地老虎幼虫取食金线莲的心叶，叶片被吃成小缺刻状或网孔状，三龄后幼虫咬断金线莲幼苗近地面的嫩茎，造成缺苗断垄。

主要防治方法：①按照糖、醋、酒、水比为3∶4∶1∶2配制糖醋液，其中加入少量毒死蜱，装进诱杀盆，白天盖好，晚上掀起诱杀；②黑光灯诱杀成虫，灯下放置盛虫的容器，内装适量的水，水中滴入少许煤油。

11. 新鲜的金线莲应如何储存？

一般食用的鲜品金线莲需要放入冰箱冷藏室保存，适宜温度为4~5℃。将鲜品金线莲放入保鲜盒中，除净烂叶，以免影响其他植株，密封好后放入冰箱冷藏，存放时不要靠近冰箱内壁。一般在1个月之内尽量吃完，最长不要超过3个月。

12. 金线莲可以在室内种植吗？

可以。

金线莲株型小巧美观，叶形优美，叶脉呈金红色，可以单独进行盆栽，也可与其他盆栽搭配栽植，具有极高的观赏价值。其中，提篮式栽培是近年来推广较快的一种栽培方式，它适合种植于露台、室内，既可观赏，又可供消费者采摘食用。

四、真伪辨别问答

1. 金线莲跟金钱莲有什么区别？

两者不同之处：金线莲，为多年生草本药用植物，兰科开唇兰属，叶片卵圆形或卵形。金钱莲，为一年生或多年生蔓性草本植物，金莲花科金莲花属，叶为圆盾形。明显的区别：金线莲叶片上面呈暗紫色或黑紫色，并具有金红色带有光泽的网脉，背面淡紫红色。

2. 金线莲最易和哪种植物混淆？

市场上常见的伪品有斑叶兰、血叶兰。

金线莲与斑叶兰比较：金线莲叶面呈暗紫色或黑紫色；斑叶兰呈白绿色，且斑叶兰的根部比金线莲发达，斑叶兰茎的节间较短，植株与金线莲相比较为矮小。金线莲叶背面仍可看到较为清晰的纹路，斑叶兰叶片较厚，不能看到清晰纹路。

金线莲和血叶兰的区别主要在于叶片。血叶兰叶形较长而尖，叶色偏紫红色，叶脉偏金色，有显著的5~7根平行脉，网状脉和平行脉所成夹角不明显。金线莲叶形较为短而圆，叶色暗紫或黑紫色，叶脉偏黄白色或金红色，网状脉和平行脉夹角较明显。

3. 金线莲圆叶与尖叶的区别？

两者在形态上有差异，在活性成分和产量上也存在差异。

4.目前市场上有哪些金线莲产品？

目前市场上的金线莲产品以鲜品、干品、保健茶为主。鲜品可用于日常煲汤、泡水等，但不便于存放；干品与保健茶易于存放，但价格相对较高。

5.如何辨别新鲜金线莲的品质优劣？

金线莲以植株粗大完整，茎细长，叶片完整无脱落，根部无泥沙，清香气浓郁者为佳品。鲜品特征基本相同，由于含水量高，色泽比较鲜亮，草质茎为肉质，比干品更易观察鉴别，总结为"金网脉、紫背叶，草茎细长有鞘节，清香气浓识金草"。

金线莲鲜品的药材质量标准：植株硬挺，根状茎匍匐，伸长，肉质，具节，节上生根；茎直立，肉质，圆柱形；叶为卵椭圆形，互生，先端近急尖或稍钝，基部近截形或圆形，骤狭成柄，叶柄基部扩大成抱茎的鞘；叶表面暗紫色或黑紫色，有细鳞片状突起，具金红色带有绢丝光泽的网脉，背面淡紫红色；气微，味淡微甘。

6.如何辨别金线莲干品的真假？

金线莲干品的药材质量标准：干燥全草常缠结成团，茎具纵皱纹，叶互生，呈卵圆形，先端急尖，叶柄短，基部呈鞘状；叶表面深褐色，叶脉橙红色，茎断面棕褐色；气香，味淡微甘。

《福建省中药材标准》也从性状、叶横切面特征、粉末特征上进行了规定：金线莲干燥全草缠结成团，深褐色，展开后完整的植株长4～24cm，茎细，径0.5～1mm，具纵皱纹，断面棕褐色，叶互生，呈卵形，长2～5cm，宽1～3cm，先端急尖，叶脉为橙红色，叶柄短，基部呈鞘状，气微香，味淡微甘。

第二节　金线莲食谱

一、金线莲果汁饮品

1.金线莲原浆

材料：新鲜金线莲30g，纯净水200mL，砂糖或冰糖适量。

做法：将新鲜金线莲和水一起放入搅拌机中，搅拌打成泥状，过滤去掉粗纤维，用中小火熬至金线莲泥浓稠即可，可根据个人喜好加入冰糖或砂糖调味。

2.金线莲枸杞原浆

材料：新鲜金线莲30g，枸杞20g，纯净水200mL，砂糖或冰糖适量。

做法：用纯净水将枸杞浸泡2～3h后，将新鲜金线莲、枸杞和水一起放入搅拌机中，搅拌打成泥状，过滤去掉粗纤维，用中小火熬至金线莲枸杞泥浓稠即可，可根据个人喜好加入冰糖或砂糖调味。

3.金线莲苹果汁

材料：新鲜金线莲20g、苹果1个、水1 000mL及砂糖或冰糖适量。

做法：将新鲜金线莲、苹果、砂糖或冰糖加入水中，经果汁机搅碎，过滤当茶饮。

功效：去火美容，美味可口。

4.金线莲哈密瓜汁

材料：新鲜金线莲20g、哈密瓜1个、水1 000mL及砂糖或冰糖适量。

做法：将新鲜金线莲、哈密瓜、砂糖或冰糖加入水中，经果汁机搅碎，过滤当茶饮。

功效：清凉消暑，生津止渴。

5.金线莲杨桃汁

材料：新鲜金线莲20g、杨桃1个、水1 000mL及砂糖或冰糖适量。

做法：将新鲜金线莲、杨桃、砂糖或冰糖加入水中，经果汁机搅碎，过滤当茶饮。

功效：清咽利喉，利尿解毒。

6.金线莲猕猴桃汁

材料：新鲜金线莲20g、猕猴桃2个、水1 000mL及砂糖或冰糖适量。

做法：将新鲜金线莲、猕猴桃、砂糖或冰糖加入水中，经果汁机搅碎，过滤当茶饮。

功效：美容养颜。

7.金线莲西瓜汁

材料：新鲜金线莲20g、西瓜1块、水1 000mL及砂糖或冰糖适量。

做法：将新鲜金线莲、西瓜、砂糖或冰糖加入水中，经果汁机搅碎，过滤当茶饮。

功效：清热解暑利咽。

8.金线莲梨汁

材料：新鲜金线莲20g、梨1个、水1 000mL及砂糖或冰糖适量。

做法：将新鲜金线莲、梨、砂糖或冰糖加入水中，经果汁机搅碎，过滤当茶饮。

功效：润肺止咳。

9.茉莉金线莲茶

材料：茉莉花14g、金线莲10g及蜂蜜少许。

做法：将茉莉花、金线莲等药材用水过滤；将所有药材用450mL的热开水冲泡10～15min后即可服用。若要增加甜度，可添加蜂蜜少许。

功效：舒缓神经紧张及抗焦虑；减轻大脑疲惫感，放松全身肌肉，让整个人舒展起来。

注意：此方为1d的剂量，推荐2d服用1次，10次为一周期。

10.蜜汁金线莲

材料：新鲜金线莲、冬蜜。

做法：将250～300g新鲜金线莲用淡盐水或淡白醋水浸泡1min左右后，用流水洗净，准备冬蜜一碟，将新鲜金线莲整棵蘸蜂蜜同吃。也可将金线莲榨汁，加入蜂蜜服用。

功效：清热润肺，舒肝和胃，尤其适合宿醉后解酒护肝。

11.金线莲柠檬汁

材料：新鲜金线莲50g、水1 000mL、糖蜜适量及一粒量柠檬汁。

做法：将金线莲加水经果汁机搅碎，过滤后添加糖蜜及一粒量柠檬汁，冰凉饮用。

功效：养颜美容。

12.金线莲乌龙茶

材料：新鲜金线莲20g、乌龙茶10g。

做法：新鲜金线莲20g煮沸后，加乌龙茶10g，冲泡当茶饮。

功效：去燥平肝，芳香甘甜。

13.金线莲枸杞糖水

材料：金线莲干品10g、适量枸杞、适量冰糖。

做法：备金线莲及枸杞；将金线莲及枸杞下炖盅，加适量清水泡洗干净备用；炖盅加水和适量冰糖，隔水炖制；先大火煮开，再转小火炖制45min后一份金线莲枸杞糖水完成，沥出糖水即可饮用。

功效：养肝护肝，滋阴润肺。

14.牛乳金线莲

材料：新鲜金线莲10g、鲜牛乳一罐、水350mL、砂糖10g。

做法：将全部材料加入果汁机搅碎混合，过滤当早饮或饭后饮料。

功效：增强免疫力，营养可口。

15.金线莲冰糖汁

材料：新鲜金线莲50g、冰糖20个、水500mL、椰子汁500mL。

做法：将金线莲、冰糖和水倒入果汁机搅碎过滤，再添加等量的椰子汁，待冰凉饮用。

功效：凉肺退火，并能治疗扁桃体炎及喉痛、喉咙沙哑、喉咙结节等症，效果良好。

二、金线莲甜点

1.金线莲鲜果沙拉

材料：新鲜金线莲、苹果、黄瓜、木瓜、樱桃番茄等。

做法：将150g新鲜金线莲、50g苹果、50g黄瓜、100g木瓜、50g樱桃番茄等时令瓜果洗净切好，加入沙拉酱或酸奶拌匀食用。

功效：补充多元营养素，凉血润肺，排毒养颜。

2.金线莲沙拉

材料：新鲜金线莲100g、苜蓿芽50g、马铃薯半粒、胡萝卜1小块、番茄1个、小黄瓜1条、胡椒、沙拉酱、盐。

做法：金线莲、苜蓿芽洗净，番茄切成花式，小黄瓜切片备用；马铃薯、胡萝卜蒸熟切成小块，加入调味料搅数下；将所有材料排盘，加入沙拉酱即可。

功效：美容养颜，延缓衰老。

3.金线莲木瓜汤

材料：新鲜金线莲10g、木瓜1个、枸杞适量、冰糖。

做法：木瓜削皮去籽切成小块；将木瓜、金线莲和冰糖一起放入小锅中，加适量水，烧开后煮3～5min；枸杞用凉开水冲洗干净，加到煮好的汤中即可。

功效：美容养颜，润肺明目。

三、金线莲汤类、菜品

1.金线莲炒蛋

材料：金线莲鲜品适量、鸡蛋2个。

做法：将鸡蛋打散，放入适量的盐；金线莲洗净，切成均匀的段；起油锅，倒入蛋液，蛋液结块后，盛起备用；另起油锅，放入金线莲段，适量翻炒后放入鸡蛋块，放入适量的盐，翻炒后起锅。

功效：保护肝脏，增强免疫力。

2.金线莲炖豆腐

材料：金线莲干品6g（或鲜品）、北方豆腐适量、各类调料。

做法：将金线莲与豆腐放入锅中煮炖至鲜味飘出，加盐调味即可食用。

功效：对各类营养和代谢类问题均可进行调节，汤味鲜美可口。

3.金线莲甲鱼汤

材料：甲鱼一只1kg左右、金线莲干品6g（或鲜品7～8g）、生姜片3g、瘦猪肉100g。

做法：将甲鱼、金线莲、生姜、瘦猪肉加入适量的水炖熟，加盐调味即可食用。

功效：平肝火、降血压、美容养颜、祛斑。能有效预防和抑制肝癌、胃癌、急性淋巴性白血病，并用于防治因放疗、化疗引起的虚弱、贫血、白细胞减少等症，对肺结核、贫血、体质虚弱等多种病症也有一定的辅助疗效。

4.金线莲炖水鸭

材料：新鲜金线莲50g、水鸭1只。

做法：将新鲜金线莲与水鸭加入水中，炖熟调味便可食用。

功效：清凉明目，清热解毒，滋阴润肺。

5.金线莲土鸡汤

材料：金线莲干品6～8g、土鸡1只、瘦猪肉250g、红枣4枚、枸杞8粒。

做法：金线莲干品、土鸡、瘦猪肉一同加清水炖熟，起锅前加入红枣、枸杞和少许盐调味即可。

功效：清热凉血、滋补肝脏，并且对老年人的风湿性关节炎、腰膝酸痛有很好的辅助疗效。

6.金线莲炖瘦肉

材料：金线莲干品6g、未带骨猪肉200g、米酒。

做法：将金线莲干品和未带骨猪肉放入锅中煮炖至熟，冲入米酒适量，加盐调味即可食用。

功效：可治风湿性及类风湿性关节炎。

7.金线莲素食火锅

材料：新鲜金线莲、菌菇类、豆制品类、新鲜时蔬、蘑菇（作为底料）、人参、枸杞、生姜、火锅底料及蘸料。

做法：以蘑菇、人参、枸杞、生姜等作为底料煮好火锅汤，先涮菌菇和豆制品，并将金线莲鲜品放入火锅，煮开后即可食用，同时可涮其他新鲜时蔬。

功效：清热降火，解毒降燥；可降压、止痛、通络、清咽。

8.金线莲火锅

材料：新鲜金线莲、土鸡、土鸭、排骨、各种火锅配料。

做法：根据家中配菜情况，选择土鸡、土鸭或排骨等先熬制好火锅汤，备好各种火锅配菜，准备250g左右的新鲜金线莲洗净作为涮菜之一。

功效：清热降火，能缓解食用火锅的燥气，同时也能增加纤维素的摄入，使火锅餐营养更加均衡。

REFERENCES 参考文献

陈丹丹, 2020. 外源多胺对金线莲花芽分化与抗逆性的影响[D]. 杭州: 浙江农林大学.

郭芳颖, 2019. 金线莲再生体系的建立[D]. 呼和浩特: 内蒙古农业大学.

郭顺星, 陈晓梅, 于雪梅, 等, 2000. 金线莲菌根真菌的分离及其生物活性研究[J]. 中国药学杂志, 35(7): 443-445.

国家中医药管理局《中华本草》编委会, 2005. 中华本草[M]. 上海: 上海科学技术出版社.

何碧珠, 何官榕, 黄铭星, 等, 2013. 福建金线莲快速繁育技术[J]. 农业工程(3): 72-76, 39.

何碧珠, 邹双全, 刘江枫, 等, 2015. 光照强度与栽培模式对金线莲生长及品质影响[J]. 中国现代中药, 17(12): 1292-1295.

何春年, 王春兰, 郭顺星, 等, 2004. 兰科开唇兰属植物的化学成分和药理活性研究进展[J]. 中国药学杂志, 39(2): 81.

何荆洲, 卜朝阳, 黄昌艳, 等, 2014. 金线莲的结实特性和无菌播种培养[J]. 江苏农业科学, 42(9): 214.

洪琳, 邵清松, 周爱存, 等, 2016. 金线莲产业现状及可持续发展对策[J]. 中国中药杂志, 40(23): 552-558.

黄锦春, 万思琦, 陈扬, 等, 2022. 利用ISSR与SRAP分子标记分析金线莲种质资源遗传多样性[J]. 浙江农林大学学报, 40(1): 22-29.

江建铭, 俞旭平, 沈晓霞, 等, 2009. 金线莲组培快繁技术研究[J]. 时珍国医国药, 20(2): 408.

孔祥海, 2001. "药王"金线莲的自然资源初步研究[J]. 中草药, 32(2): 155.

刘辉辉, 沈岚, 毛碧增, 2015. 金线莲化学成分、药理及组织培养研究进展[J]. 药物生物技术(6): 553-556.

马利, 吴岩斌, 张超, 等, 2017. 金线莲乙醇提取物及不同极性部分的体外抗氧化活性作用[J]. 福建中医药(1): 13-15.

邵清松, 黄瑜秋, 胡润淮, 等, 2014a. 金线莲形态学性状与产量形成关系的多重分析[J]. 中国中药杂志, 39(13): 2456-2459.

邵清松, 刘洪波, 郭杰, 等, 2014b. 金线莲抗软腐病离体鉴定方法的研究[J]. 中国中药杂志, 39(1): 44-47.

邵清松, 刘洪波, 赵晓芳, 等, 2014c. 金线莲茎腐病菌的生物学特性及5种杀菌剂对其抑制作用[J]. 中国中药杂志, 39(8): 1386-1390.

邵清松，王勇，胡润淮，等，2015. 金线莲基原植物花粉活力和柱头可授性及结实特征研究[J]. 中国中药杂志，40(6): 1061-1065.

邵清松，叶申怡，周爱存，等，2016. 金线莲种苗繁育及栽培模式研究现状与展望[J]. 中国中药杂志，41(2): 160-166.

邵清松，周爱存，胡润淮，等，2014d. 种苗级别对金线莲生长发育及产量和品质的影响[J]. 中国中药杂志，39(5): 785-789.

谭晓菁，苏成雄，俞信光，等，2017. 金线莲药用价值与种苗快繁技术研究进展[J]. 药物生物技术(1): 88-91.

陶子曦，2019. 林下仿野生栽培金线莲品质动态变化研究[D]. 福州：福建农林大学.

王海阁，2020. 福建野生金线莲种质资源的遗传多样性及栽培品的生药鉴别[D]. 福州：福建中医药大学.

王建栋，王红珍，张爱莲，等，2015. 金线莲苷研究进展[J]. 中国医院药学杂志，35(19): 1795-1802.

王剑锴，李明杰，王建明，等，2016. 金线莲RAPD-SCAR标记的开发和种质遗传多样性评价[J]. 中草药，47(1): 122-129.

王雅俊，孟志霞，于雪梅，等，2009. 促进金线莲生长发育的内生真菌筛选研究[J]. 中国药学杂志，44(13): 976-979.

魏翠华，谢宇，秦建彬，等，2016. 不同品种金线莲氨基酸和多糖含量的比较研究[J]. 福建林业科技，43(1): 43-45.

吴岩斌，张超，张秀才，等，2017. 不同来源金线莲总黄酮含量及其体外抗氧化、降血糖活性研究[J]. 药学服务与研究(3): 206-209.

邢丙聪，苏立样，万思琦，等，2022. 金线莲中调控胚胎发育WRKY转录因子筛选及克隆分析[J]. 中草药，53(12): 3745-3754.

许恩婷，许梦洁，邵清松，等，2019. 金线莲不同器官及萃取部位的抗氧化活性研究[J]. 中国食品学报，19(1): 28-33.

许梦洁，叶申怡，吴梅，等，2017. 不同种质金线莲氨基酸和矿物质元素量的比较[J]. 中草药，48(2): 368-372.

许文江，陈裕，林坤端，2000. 药用野生金线莲植物资源的研究[J]. 福建热作科技，25(4): 9.

杨琳，2018. 诱导条件对金线莲黄酮类化合物积累及查尔酮合酶基因表达的影响[D]. 成都：四川农业大学.

叶申怡，2018. 金线莲产量与品质调控初步研究[D]. 杭州：浙江农林大学.

于雪梅，2000. 金线莲与内生真菌相互作用机理研究[D]. 北京：中国协和医科大学.

袁小铃，王建栋，王思雨，等，2015. 金线莲组培快繁体系优化及多糖含量测定[J]. 浙江农业科学，56(7): 983-985.

张君毅，司灿，王建明，等，2015. 民间药用植物金线莲研究与应用[J]. 中国现代中药，17(3): 236-240.

张望舒, 吴梦依, 黄瑜秋, 等, 2015. 艾叶和苍术熏蒸对金线莲组培室的空气灭菌效果[J]. 浙江农业科学, 56(12): 1999-2001.

周玲勤, 2000. 台湾金线莲、彩叶兰和F₁杂交种之菌根生理于培育[D]. 台湾: 国立台湾大学园艺学研究所.

Lv T W, Teng R D, Shao Q S, et al., 2015. DNA barcodes for the identification of *Anoectochilus roxburghii* and its adulterants [J]. Planta, 242(5): 1167-1174.

Qiu Y, Song W B, Yang Y, et al., 2023. Isolation, structural and bioactivities of polysaccharides from *Anoectochilus roxburghii*(Wall.)Lindl.: A review [J]. International Journal of Biological Macromolecules, 236, 123883 .

Shao Q S, Deng Y M, Liu H B, et al., 2014. Essential oils extraction from *Anoectochilus roxburghii* using supercritical carbon dioxide and their antioxidant activity [J]. Industrial Crops and Products, 60: 104-112.

Sun, X T, Lv A M, Chen D D, et al., 2023. Exogenous spermidine enhanced the water deficit tolerance of *Anoectochilus roxburghii* by modulating plant antioxidant enzymes and polyamine metabolism [J]. Agricultural Water Management, 1-11.

Teng R D, Shao Q S, Wu M, et al., 2017. Reproductive barriers to hybridizations between narrow-leaf and broad-leaf *Anoectochilus roxburghii* [J]. The Journal of Horticultural Science and Biotechnology, 92(2): 183-191.

Wang, H Z, Chen, X Y, Yan, X Y, et al., 2022. Induction, proliferation, regeneration and kinsenoside and flavonoid content analysis of the *Anoectochilus roxburghii* (Wall.) Lindl protocorm-like body [J]. Plants, 11, 2465.

Xing B C, Wan S Q, Su L Y, et al., 2023. Two polyamines -responsive WRKY transcription factors from *Anoectochilus roxburghii* play opposite functions on flower development[J]. Plant Science, 327, 111566.

Xing B C, Zheng Y, Zhang M, et al., 2022. Biocontrol: Endophytic bacteria could be crucial to fight soft rot disease in the rare medicinal herb, *Anoectochilus roxburghii* [J]. Microb Biotechnol, 15(12):2929-2941.

Xu M J, Shao Q S, Ye S Y, et al., 2017. Simultaneous extraction and identification of phenolic compounds in *Anoectochilus roxburghii* using microwave-assisted extraction combined with UPLC-Q-TOF-MS/MS and their antioxidant activities [J]. Frontiers in Plant Science, 8: 1474.

Ye S Y, Shao Q S, Xu M J, et al., 2017. Effects of light quality on morphology, enzyme activities, and bioactive compound contents in *Anoectochilus roxburghii* [J]. Frontiers in Plant Science, 8: 857.

Zeng B Y, Su M H, Chen Q X, et al., 2016. Antioxidant and hepatoprotective activities of polysaccharides from *Anoectochilus roxburghii* [J]. Carbohydrate Polymers, 153: 391.

Zhang A L, Wang H Z, Shao Q S, et al., 2015. Large scale in vitro propagation of *Anoectochilus roxburghii* for commercial application: Pharmaceutically important and ornamental plant [J]. Industrial Crops and Products, 70: 158-162.

Zhang J G, Liu Q, Liu Z L, et al., 2015. Antihyperglycemic activity of *Anoectochilus roxburghii* polysaccharose in diabetic mice induced by high-fat diet and streptozotocin [J]. Journal of Ethnopharmacology, 164: 180-185.

Zheng Y, Li L H, Liu X T, et al., 2024. The improvement of kinsenoside in wild-imitated cultivation *Anoectochilus roxburghii* associated with endophytic community [J]. Industrial Crops and Products, 208:117896.

致谢: 本书的编著出版得到了国家自然科学基金 (82373977、82173916)、中央财政林业科技推广示范资金项目 (2023TS03-3)、浙江省农业新品种选育重大科技专项 (2021C02074)、浙江省"三农九方"农业科技协作计划项目 (2024SNJF039) 的资助, 在此表示衷心的感谢!

图书在版编目（CIP）数据

金线莲 / 邵清松主编. -- 北京：中国农业出版社，
2024.6. -- ISBN 978-7-109-32053-6

Ⅰ. S567

中国国家版本馆CIP数据核字第20245XP885号

金线莲
JINXIANLIAN

中国农业出版社出版

地址：北京市朝阳区麦子店街18号楼

邮编：100125

责任编辑：郭　科

版式设计：王　晨　　责任校对：吴丽婷　　责任印制：王　宏

印刷：北京中科印刷有限公司

版次：2024年6月第1版

印次：2024年6月北京第1次印刷

发行：新华书店北京发行所

开本：700mm×1000mm　1/16

印张：12.75

字数：242千字

定价：98.00元
